3D打印模型制作与技巧：
用ZBrush建模

田涛 郑琳 著

清华大学出版社
北京

内 容 简 介

本书主要介绍使用ZBrush软件制作各类3D模型并进行打印输出方面的知识。全书共7章，第1~3章介绍了ZBrush的基础知识；第4~6章以案例为依托，逐步展示ZBrush软件在3D打印模型制作方面的强大功能以及使用技巧；第7章介绍打印输出的内容。

本书配有视频讲解共14个小时，视频侧重于解析流程，与书中的内容一一对应，两者配合使用可大大提高学习效率。除视频外，书中内容还包含教材案例的素材和源文件，方便读者学习使用。

本书可作为高等院校艺术设计专业的教材，也可供艺术家、美术从业者和3D模型师等相关从业人员作为参考书使用。

图书在版编目（CIP）数据

3D打印模型制作与技巧：用ZBrush建模/田涛，郑琳著.—北京：清华大学出版社，2020.5（2024.8重印）

ISBN 978-7-302-53970-4

Ⅰ.①3… Ⅱ.①田…②郑… Ⅲ.①立体印刷-印刷术 Ⅳ.①TS853

中国版本图书馆CIP数据核字（2019）第230615号

责任编辑：王剑乔
封面设计：刘 键
责任校对：袁 芳
责任印制：宋 林

出版发行：清华大学出版社
  网 址：https://www.tup.com.cn, https://www.wqxuetang.com
  地 址：北京清华大学学研大厦A座 邮 编：100084
  社 总 机：010-83470000 邮 购：010-62786544
  投稿与读者服务：010-62776969，c-service@tup.tsinghua.edu.cn
  质量反馈：010-62772015，zhiliang@tup.tsinghua.edu.cn
印 装 者：三河市龙大印装有限公司
经 销：全国新华书店
开 本：185mm×260mm 印 张：15.5 字 数：374千字
版 次：2020年5月第1版 印 次：2024年8月第6次印刷
定 价：89.00元

产品编号：077406-01

目前市面上关于 3D 打印的图书非常多，大部分是介绍一些基本知识，对 3D 打印模型制作的内容讲解比较简单。本书使用 ZBrush 软件进行建模，专门针对 3D 打印模型制作与技巧作了深入讲解，既包含入门的基本知识，又包含难易适中、深度适当的案例。对此，仅前期构思就花费了作者大量的时间和精力。在写作过程中，作者不断地润色和调整，将严谨治学的理念贯穿始终，最终完成了本书的撰写。

案例文件

本书的案例主要侧重于模型的制作。书中分为两大类型——硬表面和角色案例，每个案例都详细介绍了制作过程。同时书中的案例难度也由浅入深，使读者能够逐步深入地学习和使用软件，降低了学习难度。除了功能原理外，书中还讲解了具有一定深度的使用技巧，从而达到举一反三的效果。

本书以实际案例为依托，每章的内容都可以按照需要选择阅读，以满足各类读者的阅读需求。

本书共分为 7 章。

第 1 章主要介绍了数字制作理念和优势。

第 2 章介绍了数字建模的基础知识，包括常规 3D 建模的基础概念以及 3D 建模方式的种类。

第 3 章介绍了 ZBrush 的基本知识，包括 ZBrush 软件的界面和 ZBrush 的工具。

第 4 章介绍了创建硬表面模型的各种方法和 ZModeler 笔刷功能。

第 5 章介绍了硬表面基础案例：制作一辆卡通汽车。

第 6 章介绍了角色建模的常识以及如何制作美人鱼和南小鸟模型。

第 7 章介绍了打印输出的方法及操作。

本书包含足够多的基础内容，以帮助初学者学习并掌握 ZBrush 软件，对 3D 打印模型案例的难度也做了细致考量，难度适中，可作为初学者的入门书籍。

本书还配有相应的视频讲解，读者可以通过手机扫描各章节的二维码直接获得相关教学视频和项目文件。

如果您对本书有任何疑问，可以通过 QQ（116691420）与我们联系。

最后，感谢在写作过程中帮助过我的朋友们，感谢他们对本书提出的建议和所做的审校工作，并感谢所有为本书提供作品的艺术家。此外，我还要感谢我的家人，他们是我的坚实支柱。

作　者

2020 年 1 月

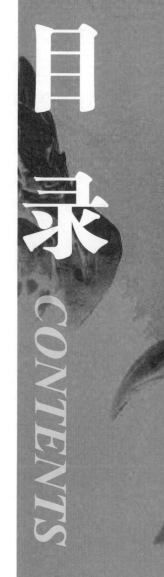

目录 CONTENTS

第 **①** 章

数字制作理念和优势

1.1 从手工到数字原型的发展过程

当今很多行业都采用了数字制作方式,而早期更多是使用手工制作。这种转变主要有两方面的原因:一方面是数字技术不断发展,与传统方式相比有更多的优势;另一方面是3D打印技术的改进使数字模型可以输出满足产品级质量的实体模型。图1.1至图1.3展示了使用数字技术配合打印设备生产的模型。可以看到,随着时间的推移,技术越来越成熟,制作模型精度和复杂度也越来越高。

图 1.1

下面以日本手办行业为例,简要介绍从传统手工制作到数字制作的发展过程。

在传统做法中,手办模型的原型是使用纸黏土和多孔板手工制作而成,其模型作者被称为原型师。随着科技的发展,艺术家借助计算机上的雕刻软件也能制作出精细的模型,但受限于当时的输出设备——3D打印机的精度还不足以完整还原数字模型的效果,所以并没有完全摆脱传统制作流程的束缚。到了2010年,高精度的3D打印机在日本开始普及,此时艺术家可以用雕刻软件轻松

图 1.2

制作出数字模型,并且可以借助3D打印机生成手办模型的原型,自此一种制作手办原型的全新流程开始形成,逐渐在日本诞生了一个新的职位——数字原型师。

图 1.3

当然，在 2010 年时也有很多原型师不认可数字制作，认为它不是必需的，制作原型使用黏土就足够了。随着时间的推移，到 2013 年，数字原型师的制作技术和流程已经成熟，并且随着不懈的推广，数字原型的实用性也逐渐得到行业的认可。此时艺术家已经不再抗拒，而且他们更希望成为数字原型师而不是之前的手工原型师。到现在，手办制作行业已经把数字制作看成原型师的必备技能。

一种技术替代另一种技术肯定是因为有足够多的优势，那么数字制作模型又有哪些优势呢？下面将进行介绍。

1.2 数字（3D）建模的优势

与传统手工建模方式相比，数字建模具有非常多的优势。

❶ 制作时间短。从手工制作原型到监修完成需要两三个月，然后才能量产。而采用数字建模制作原型一个月就可以进行量产。

原型交货期提前有很多好处。例如，可以在动画流行时同步发布产品信息，手办模型的预售额也会提高。

❷ 在制作模型阶段，使用 3D 软件可以轻松撤销当前的操作，撤销的次数也没有限制。除了撤销，软件还可以重复之前的操作，该功能大幅加强了用户对模型的控制。而传统手工建模方式不能撤销操作，修改造型就要麻烦得多。

❸ 使用 3D 软件可以对数字模型进行对称操作，如图 1.4 和图 1.5 所示。这样只需要操作一边就可以得到对称的效果，从而节省了 50% 的制作时间，大幅提高了制作效率，而手工一次只能做一边。

❹ 使用 3D 软件可以快速生成对称的模型，如图 1.6 所示。

❺ 3D 软件可以快速生成阵列（多种类型）模型，如图 1.7 至图 1.9 所示。这类模型用传统方式制作是比较烦琐的，而使用 3D 软件制作就很快捷。

❻ 与手工制作相比，3D 软件可以高效且精准地制作硬表面模型，如图 1.10 和图 1.11 所示。在图 1.10 中无论是刀刃还是刀柄的处理，你都可以感受到模型制作得非常精细。

❼ 3D 软件可以快速为模型应用复杂的纹理样式。图 1.12 所示的怪物，其皮肤的肌理细节并不全是手动雕刻出来的，可以使用各种照片素材投射到模型上。现实中的传统工艺也有类似技法，但 3D 软件可以做得更快，素材内容也更加广泛，而且可以快速调节和修改素材的效果，产生更多的变化。

❽ 3D 软件可以快速修改模型整体或局部的造型，如修改脸型和体型、调节表情和姿势，如图 1.13 至图 1.15 所示。

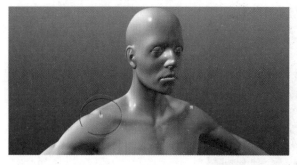

图 1.4

图 1.5

图 1.6

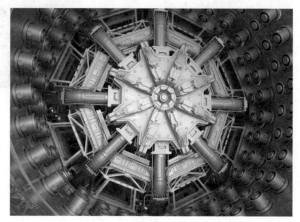

图 1.7

图 1.8

图 1.9

图 1.10

图 1.11

图 1.12

图 1.13

注意：手工原型修改比较麻烦，简单的修正大概需要半小时，大的改动可能需要1天的时间。如果需要放大或缩小头部，手工原型就需要重做，但数字建模直接缩放模型就可以得到想要的结果，操作非常简单快捷。

此外，因为有些客户并不熟悉计算机软件，所以修改指示有时不够明确。现在可以让客户坐在艺术家旁边一起进行修改，艺术家可以直接在笔记本电脑上修改造型，客户只需说"修改这里"就可以了，从而迅速完成监修环节。这种方便的交互性也是一个显著的优点。

❾ 手工制作是一个线性流程，而3D软件则可以将不同阶段的制作效果保存为多个文件，以便在需要时进行修改，

图 1.14

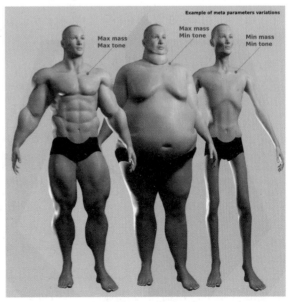

图 1.15

如图 1.16 所示。

⑩ 3D 软件可以使用程序化工具制作更复杂的模型。如图 1.17 所示，图中的建筑可以在生成之后编辑基础形状，实时生成修改的建筑，这种做法是传统方法完全无法做到的，它是更自由、更富于创造性的方式。

至此已经列举了数字建模的 10 项优势。对比手工制作，它的优势已经非常明显，所以数字建模是今后的发展趋势。

由于数字建模软件非常丰富，而本书侧重介绍玩具、手办等的制作，所以本书从众多的软件中选择最适合的一款进行案例制作和讲解。在选择时设定了一些基础需求：①能够制作高精度的生物以及机械类模型；②操作简便、快捷；③功能强劲。最终选择的软件是 ZBrush。

当然，与其他建模软件相比，除了具备上面的优势，ZBrush软件还拥有更多的优势。接下来简单介绍一下。

1.3 ZBrush 软件在建模方面的独特优势

① ZBrush 软件全面支持中文语言环境，包括界面选项

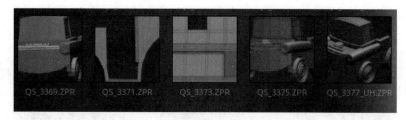

图 1.16

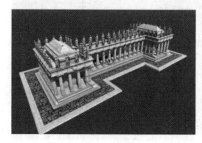

图 1.17

的汉化以及文件名的中文使用，如图 1.18 所示。中文语言环境大大方便了国内初学者和从业者的学习使用。

② ZBrush 软件拥有几十种建模工具，可以完成各种项目类型（生物角色和机械模型）的制作，而且这些工具真正实现了创新和效率并存。

③ 与手工制作相比，计算机软件有一项非常独特的能力，就是它可以撤销操作，而 ZBrush 软件在这方面的功能超乎寻常的强大。它可以通过历史记录功能最大限度地进行撤销和重做操作，最多可以保留一万步操作步骤（图 1.19）。用户可以随时定位到任意一步来进行修改，非常方便。

④ ZBrush 软件的功能非常强劲，即使是海量多边形，也可以流畅操作，单个模型可以支持 1 亿面（多边形）。如果使用 HD 细分技术，可以轻松处理 10 亿面，如图 1.20 所示。因此，它可以满足制作高精度模型的需求。

⑤ 制作角色模型需要借助软件的雕刻功能，ZBrush 软件包含数百个雕刻笔刷——位于笔刷面板和 Lightbox 的笔刷目录中，如图 1.21 和图 1.22 所示。此外，网络上还有很多第三方制作的笔刷，这些笔刷可以满足用户各种复杂的雕刻需求。

⑥ 在传统手工雕刻过程中，纹理效果一旦应用到模型的表面就不易无损地清除。为了在数字雕刻过程中解决这个问题，ZBrush 增加了一个类似 Photoshop 的图层功能——3D 图层。

3D 图层功能可以让用户对制作模型的流程拥有更强的控制

图 1.18

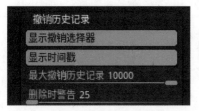

图 1.19

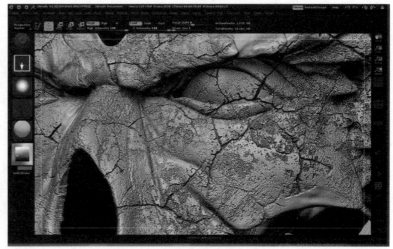

图 1.20

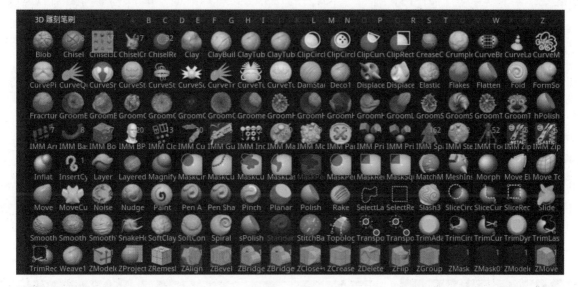

图 1.21

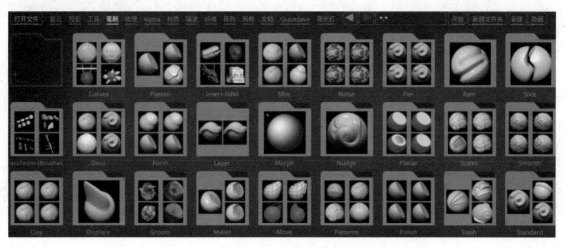

图 1.22

力，如在制作模型时可以通过层把制作过程分为多个不同的阶段。用户可以新建多个图层，可以把造型修改、纹理细节甚至姿势变形存储到不同的 3D 图层中，通过开关这些层实现效果预览。图 1.23 所示为 3D 层子调板。

这些层之间不会相互影响，此外，还可以把这些效果进行叠加或调整（增强、减弱、去除）。用户可以随时切换到某一层进行修改，而层中的效果和原始模型也是相互独立的。

和传统手工制作流程相比，这种技术理念完全改变了模型的直线监督模式，形成了一种非线性的操作流程，它可以使用户在制作模型时更加自由、更加轻松，从而进一步释放艺术家的创造力。

下面举例说明一下。在制作爬行动物的表皮肌理时可以

建立一个鳞片图层，然后将鳞片应用到这个层中。如果关闭该层，此时继续调整模型的基本造型并不会影响爬行动物的鳞片效果。调节完毕后再次开启鳞片图层，鳞片效果会自动添加到模型上。如果感觉不满意，甚至可以删除鳞片层，基本模型完全不会受到影响。

如图 1.24 所示，左图是原始模型，右图是应用了鳞片纹理的效果。

完成基础的鳞片图层之后，可以建立更多的图层，每个图层都可以制作不同的纹理效果，图 1.25 展示了蜥蜴模型上更多图层的效果。

❼ 在修改模型造型方面，ZBrush 可以借助 3D 图层存储多个模型状态，然后通过调节图层来实现形态的简单混合。在此基础上第三方插件（ZBuilder）进一步发展了这个理念。用户可以通过这个插件提供的一系列参数调节出任何类型（性别、年龄、强壮、瘦弱）的人体，并且还可以将人类身体转换为一个类人动物，从而大幅节省制作时间，如图 1.26 所示。

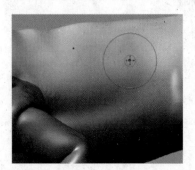 

图 1.24

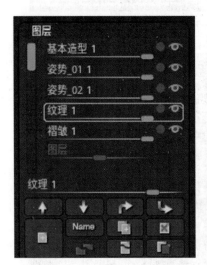

图 1.23

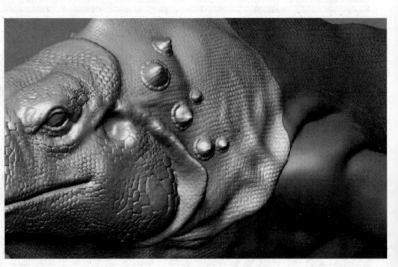

图 1.25

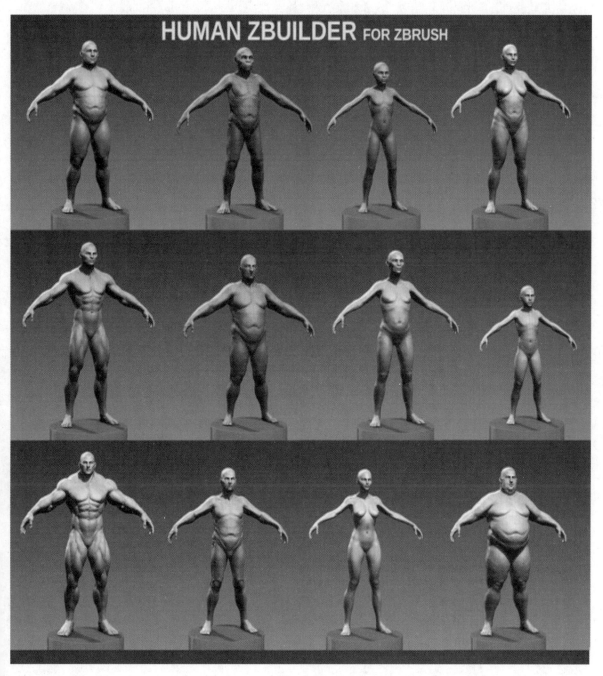

图 1.26

第 ② 章

数字建模的基础知识

ZBrush

2.1 常规 3D 建模的基础概念

通过第 1 章了解了数字建模的优势，本章将介绍数字建模的基本知识，主要包括数学模型的生成方式、数学模型的类型、网格拓扑的差异化表现和模型显示效果的相关内容。

2.1.1 在计算机中用数学算法和公式模拟现实中的模型

在计算机软件中看到的各类模型都是采用不同的方式进行数字化模拟的结果。这些不同的方式实际上就是不同的数学算法。通过这些算法可以生成各种数学模型，常见的有多边形模型、细分表面模型、NURBS 模型、体素模型等。本小节主要介绍多边形模型、细分表面模型和 NURBS 模型。

通常，一个 3D 物体都是由点、边和面元素来构成模型的外观。点、边、面都没有真实的体积，只是一种显示效果，其中点元素用来描述模型的位置，通过边将顶点连接起来，再由点和边共同定义出面，软件通过收集这些信息来构建出模型的外观。图 2.1 以多边形模型为例展示了点、边和面元素的效果。

多边形模型如图 2.2 所示。可以看到模型的密度比较低，所以边缘是有棱角的。而多边形作为最常见的数学模型，它需要和"细分"功能结合使用来得到光滑的外观效果。

注意：本节只介绍"细分"的应用效果，关于"细分"的详细内容可参看 2.2 节。

图 2.3 展示了多边形模型和应用细分之后的效果。这只是一种显示效果，并没有改变模型的网格密度，用户可以轻松地在这两种状态下切换。左边是多边形模型，右边是细分表面模型。

NURBS 模型的效果如图 2.4 所示。可以看到它和多边形不同，没有显示像多边形模型那么多的网格，而且也没有应用细分效果，但它可以显

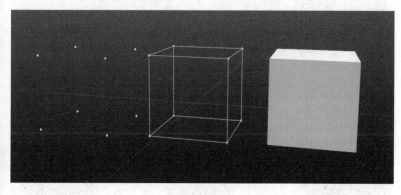

图　2.1

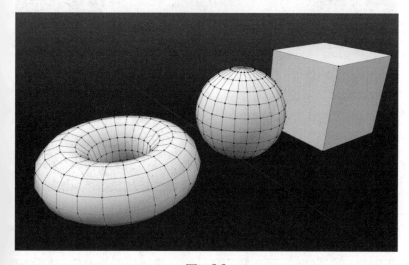

图　2.2

示更完美的光滑效果，这也是使用 NURBS 模拟 3D 模型的优势。它的模型直接使用数学公式来计算，如半径、长度等，因此生成模型数据很小；而多边形模型需要描述每个点的位置信息，而且也要用更多的点才能完整描述出整个模型。

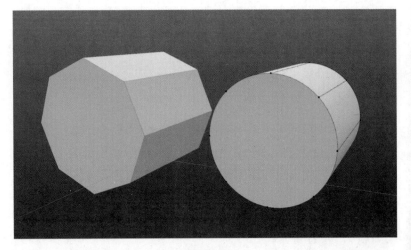

图 2.3

2.1.2 不同的算法可以构成相似的形态（拓扑不同）

为了满足不同的制作需求，软件通常都会提供各种预设模型，包括常用的和非常规的（如纺锤模型、齿轮模型）。这些基础模型也可以根据不同的网格算法生成形态相似但布线不同的网格模型，如图 2.5 所示。

接下来我们来了解模型显示的相关内容。

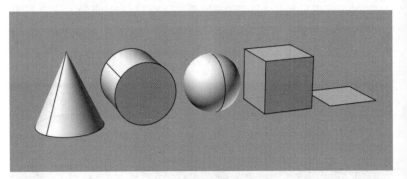

图 2.4

2.1.3 模型表面的法线

在现实世界中具有体积的物体都是实体的，但在 3D 世界的一切都是计算机模拟出来的，因此即便图中的模型看上去是实体，但它内部其实是空的，计算机软件只是模拟了模型的表面外观。对于构成模型表面的多边形，计算机默认只会计算一个方向的显示效果，

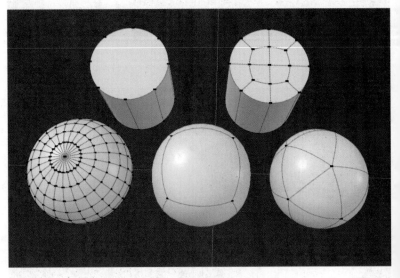

图 2.5

也就是从外面查看它的效果。如果从内部向外看，是看不到模型实体的。如图 2.6 所示，我们将一个球体切掉部分模型，然后向

图 2.6

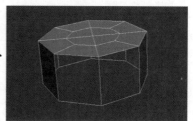

图 2.7

内观看就可以直接看到背景，它像是透明的。如果想从内部查看模型网格，就必须强制软件进行双面显示。

通常不需要让模型双面显示，因为这会浪费更多的系统资源，但这也说明模型上多边形的朝向对于模型的显示很重要。如果模型某些面的朝向翻转了，相应的区域就会变成空洞，如图2.7所示。

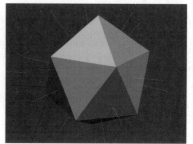

图 2.8

为了帮助用户判断模型表面的朝向，软件设置了"法线"功能，如图 2.8 所示，从模型上发射出来的各条线就是法线。这条线指示了模型的多边形朝向。可以看到，这些法线的方向都是向外发射，模型显示很正常。

如图 2.9 所示，可以看到红色区域的法线方向都是向内发射，说明这个区域的面是翻转的，因此模型显示是不正确的。

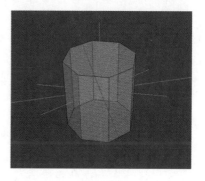

图 2.9

了解 3D 建模的基本知识之后，接下来看一下 3D 建模的各种方法。

2.2 3D 建模方式的种类

由于模型的制作要求多种多样，只使用一种建模方式无法满足各种制作需求，因此在制作过程中通常会选择多种建模方式来完成各种类型的模型。本节将展示一些常用的建模方法。虽然制作 3D 模型的方法很多，但通常可以划分为以下几类。

2.2.1 基于照片生成模型

我们可以通过相机等设备对物体进行大量视角的照片拍摄以采集各种信息，然后再使用计算机软件进行图像处理以及 3D 运算，从而全自动生成被拍摄物体的 3D 模型和颜色贴图。这种建模方式也称为照片建模，其代表软件有 Agisoft PhotoScan、RealityCapture 等，

图 2.10 和图 2.11 展示了采用这种方式生成的效果。

　　除了手动多次拍摄外，还可以搭设数码单反机组，然后一次性捕获大量图像，如图 2.12 所示。

图　2.10

2.2.2 使用 3D 扫描仪设备配合软件生成模型

　　3D 扫描仪主要采用激光、结构光等技术，通过发射光的反馈获取物体的 3D 坐标信息，纹理颜色依靠设备的摄像头来获取。此种方式的技术存在一些局限性，有些材质、颜色（如人发、深色服饰及透明物体等）受光的反射、折射、吸收等因素的影响，在扫描时会影响扫描质量，导致获取的 3D 模型漏洞较多，无法得到理想的扫描结果。这种建模方式的代表软件有 RealityCapture、Profactor ReconstructMe 等。图 2.13 和图 2.14 所示为采用这种方式生成的效果。

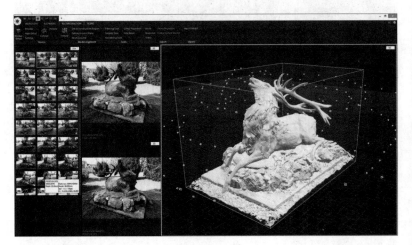

图　2.11

2.2.3 Polygon 建模和细分表面建模

　　Polygon（多边形）建模是一种常规建模方式，它的建模思路就是先将一个对象转化为可编辑的网格对象，然后通过对它的各种子级（点、边和面）进行编辑修改来实现建模结

图　2.12

果。图 2.15 展示了在点、边和面模式下编辑元素的效果。

　　默认地，采用 Polygon（多边形）建模方式完成的模型是块面拼接的外观，并不像现实中那样平滑，这是因为多边形建模是使用能体现结构的关键线来制作模型，而为了得到光滑的外观就

图 2.13

图 2.14

图 2.15

需要使用更多的线，这样会出现布线过于密集的情况，所以多边形建模要配合另一项技术来得到两者兼顾的效果——布线密度合理、表面也要平滑的模型外观，这项技术就是"细分表面"。

细分表面是一种细分代理模式。对模型应用一次后，模型的面数将变为 4 倍，这种过程就称为细分。在模型上多次应用细分可以获得平滑的外观。注意，细分表面只是一种显示效果，并不是真正达到光滑所需的高精度模型，所以提高细分级别只能看到模型被平滑的效果，并不会增加细节，其本身仍然是一个低精度网格。而且细分表面只是一个临时状态，用户可以随时关闭这个

效果。如图 2.16 所示，可以看到左边的模型是多边形模型，表面呈块面状，边缘不圆滑；右边的模型是应用了细分表面的效果，表面和边缘都很平滑，接近现实中的模型外观。

细分表面不仅是将模型密度加大，它同时还会让模型平滑地收缩造型的体积。多边形的原始布线显示也会随之发生变化。细分状态也可以同时显示未被平滑的网格状态，这个网格显示称为 Cage（笼框），如图 2.17 所示，绿色线框就是笼框。从图中可以看到原始网格应用细分后的造型变化。

早期的细分表面技术通过编辑笼框来修改造型，这显然不够直观。经过一段时间发展后，现在已经可以在细分模式下直接编辑平滑的布线来改变造型，操作体验大幅提升。因此，这种建模方式也被大力推广，可以在很多领域看到使用这种建模方式制作的案例，如图 2.18 所示。

2.2.4 雕刻建模

雕刻建模的出现完全颠覆了过去传统 3D 设计工具的工作模式，告别了依靠操控鼠标和界面参数的制作流程。当雕塑家使用软件设计的雕刻笔刷（配合绘图板）雕刻模型时，会感到就像用手拿捏黏土一样直观、方便。与传统工具相比，

图　2.16

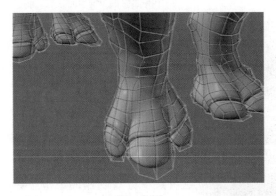

图　2.17

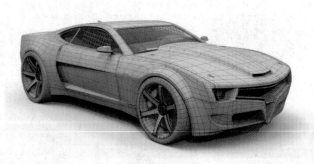

图　2.18

新工具既可以保留用户的工作习惯，又可以使用户更自由地进行艺术创作。图 2.19 展示了雕刻笔刷的雕刻效果，可以看到这些工具很好地模拟了现实中的雕刻工具。

雕刻建模的流程通常是制作一个较低的基础网格，然后基于它进行多次细分来提高网格的密度，再使用雕刻功能进行造型的细化。

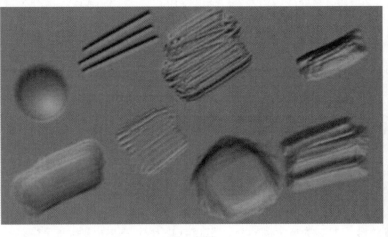

图　2.19

注意：这里的"细分"和"细分表面"不同，它是将模型真正地应用了网格细分，然后将雕刻效果应用到模型上。细分级别越高，可以看到的雕刻效果就越完整，如图 2.20 所示。左边是低多边形，右边是应用多次细分后雕刻完成的模型。

雕刻建模的代表软件主要有 ZBrush、3D Coat 等，本书主要介绍 ZBrush 的雕刻功能。雕刻建模的应用领域非常广泛，如电影、游戏、玩具制造和珠宝设计等行业都在大量使用雕刻软件来制作模型。

图 2.21 和图 2.22 中的雕刻作品展示了雕刻软件在模型制作方面的强大优势，除了可以使用笔刷塑造出角色的造型外，还能轻松完成如皱纹、发丝之类的细节，并且在制作场景里的模型时也可以快速添加破损、风化等效果。

2.2.5 布尔运算建模

布尔运算是一种数字算法，它可以通过对两个以上的对象进行并集（相加）、差集（相减）和交集（相交）运算来获得一个新的对象。在二维和三维软件中，用户可以使用这种方法将简单的

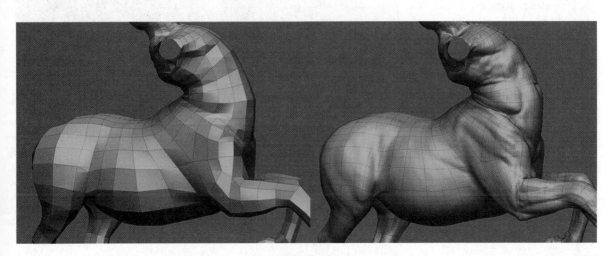

图　2.20

图　2.21

图　2.22

基本图形组合为新的形状或形体。图 2.23 和图 2.24 展示了使用布尔运算方法制作的模型。

使用布尔运算的应用类型主要有低多边形模型、细分表面模型和 NURBS 模型，它们各有其优、缺点。这里介绍一些较为强大的支持布尔运算的软件和插件。针对低多边形模型计算的有 3D Max 的 Power Booleans 插件、Blender 的 Hard Ops 插件、Modo 的 MOP Booleans Kit 插件；针对细分表面模型的有 Modo 的 Meshfusion 插件和 Maya 的 Hard Mesh 插件；针对 NURBS 模型的软件有 Rhino、Autodesk Fusion 360 等。

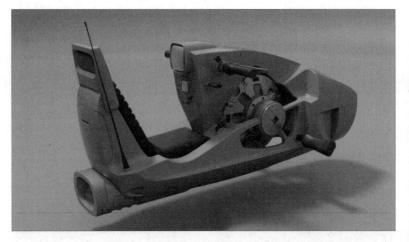

图 2.23

图 2.24

2.2.6 虚拟体（代理模型）建模

虚拟体建模是指使用的工具并不是网格模型，而是一种近似网格的代理物体，在需要时可以转换为网格模型。这种建模方法的代表有 ZBrush 软件的 ZSphere（Z 球）和 ZSketch。

ZSphere 是 ZBrush 发展历史上第一个具有开创性的工具。它是一种特殊的建模方式，通过使用虚拟的球体延伸出更多的球体，将它们相互连接起来组成链状结构，然后对球体的位置、大小、方向进行调整，从而生成近似形体的球体体积。在制作过程中，这种虚拟的球体可以随时转换为网格模型，方便用户判断效果。图 2.25 展示了 ZSphere 模型和转换成的网格模型。

ZSketch 是一种基于 ZSphere 的新技术，它可以生成柔软的 ZSphere 体积，操作的感受与现实雕塑时所使用的黏土条类似。用户可以通过在模型上涂抹 ZSketch 来构造出新的造型，还可以使用 ZSketch 笔刷进行造型修饰，自由地创建出各种造型形态，如图 2.26 所示。

2.2.7 NURBS 建模

NURBS 主要是在工业领域使用的建模方式，它采用数学表达式来构建模型。它不需要像多边形或是细分表面那样记录很多点的位置信息，它只需要用数学公式来计算生成模型，所以它的布线比细分表面干净得多，只需很少的控制点就能完美描述整个

图　2.25

图　2.26

造型，如图 2.27 所示。

　　下面再来看一个模型案例。如图 2.28 所示，一个复杂的模型只需要很少的点和线就能准确地构建出来，这样生成的模型文件的数据量也很小，在存储空间方面很有优势。

　　采用 NURBS 计算生成的

模型其精度极高，而且执行大量布尔运算操作时，并不会像多边形和细分表面模型那样出现布尔错误。如图 2.29 和图 2.30 所示，模型应用了大量的布尔运算，可以看到网格布线非常干净。

　　除了上面介绍的优势外，NURBS 还特别适用于创建复杂的曲面造型。用户可以通过 NURBS 曲线来构建曲面，然后调节控制点精确设置表面曲率，从而创建出逼真、生动的造型，如图 2.31 所示。

　　图 2.32 展示了使用 NURBS 制作的各种复杂曲面造型。

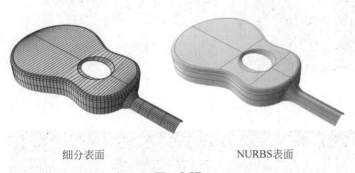

细分表面　　　　　　　　　NURBS表面

图　2.27

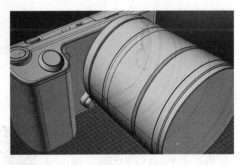

图　2.28

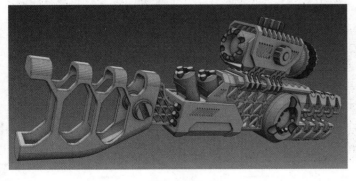

图　2.29

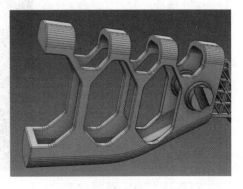

图　2.30

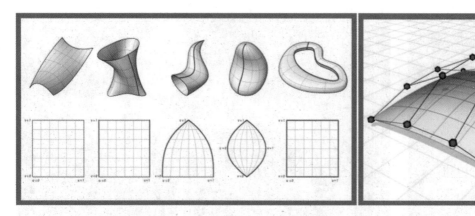

图 2.31

2.2.8 程序化建模——建筑、工业、设计模型使用较多

程序化建模是计算机图形中诸多技术的总称，它使用规则集合来创建 3D 模型和纹理。L 系统、分形和生成建模都是程序建模技术，程序建模广泛应用于建筑设计、模拟、游戏、电影 CG 制作等方面。通常在使用常规 3D 建模软件创建植物、建筑或地形等类别的 3D 模型时，其步骤都会比较烦琐，此时就需要更专业的工具，如 Speed Tree、CityEngine、Terragen 等程序软件。

程序软件在模拟方面非常有优势。例如，Speed Tree 可以设置几个随机参数快速构建出一棵树，之后还可以将随机种子重置为初始值来重构整棵树。同样，CityEngine 也可以快速重构一片楼房。

图 2.33 至图 2.35 展示了一

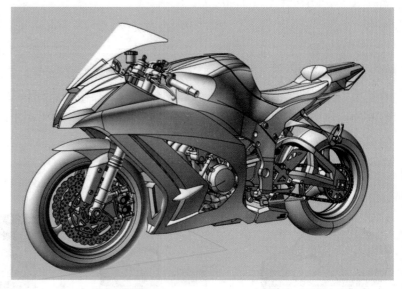

图 2.32

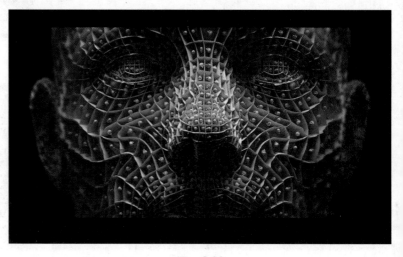

图 2.33

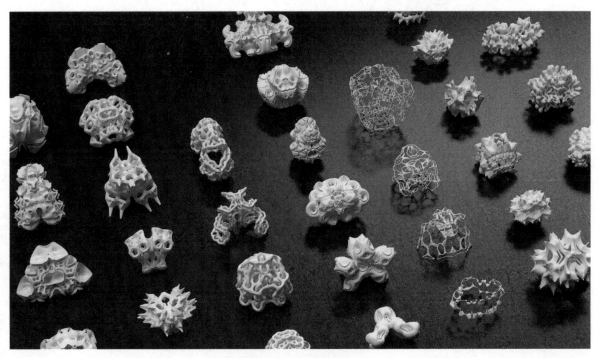

图　2.34

些程序化建模的制作案例。

　　对于常规建模软件（如 Autodesk Maya 和 3ds Max），用户可以用它们创建出简单的基础模型，然后使用各种变换和几何操作将其修改为建筑作品。而使用 Side Effects Houdini 的程序化功能，就可以制作出程序化模块，随时修改参数，生成不同造型或是高度差异的建筑，如图 2.36 和图 2.37 所示。

　　使用程序化模块或是软件，其性能要求是至关重要的。强大的引擎可以快速修改参数和实时更新模型数据。例如，图 2.38 和图 2.39 展示用 Houdini 制作的城市场景，重建 100 个房子变体只需要不到 30 秒的时间。

图　2.35

图　2.36

图　2.37

图　2.38

图　2.39

图 2.40 和图 2.41 展示了一些使用 Houdini 程序化模块制作植物和地形的案例。

现在对 3D 建模已经有了一些认识，接下来就需要进一步学习具体的建模软件和工具，这里要学习的软件就是之前推荐的 ZBrush。从前文也可以知道它有很多优势，而这也是我们学习它的理由。

在第 3 章将先从软件界面和基本操作开始学习，然后学习它的建模工具，最后学习如何使用这些工具来制作模型。

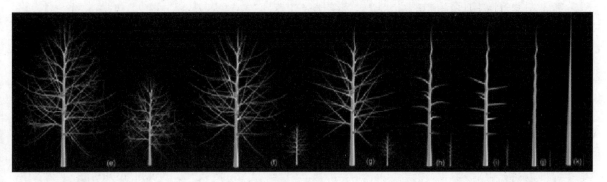

图　2.40

图　2.41

第③章

CHAPTER

ZBrush基本知识

3.1 ZBrush 软件的界面

本章将介绍 ZBrush 软件的界面及相关知识，主要包括界面功能区域的划分及其含义、视图导航操作等内容。

3.1.1 设置界面语言环境

启动软件，呈现在我们面前的是一个中文语言的界面，当前版本（ZBrush 2018）支持七国语言。由于默认的中文翻译存在一些小瑕疵，如有的英文没有被翻译或者翻译得不够准确，为此制作了一个更准确的语言文件，现在进行一下设置。

❶ 关闭软件，然后将本书案例文件 \ 第 3 章 \ zstartup.zip 中的 icons.zip 打开，全选其中的图片，复制到系统文档的相应目录中——路径 C:\Users\Public\Documents\ZBrushData2018\ZStartup\CustomLang\icons 文件夹中，替换其中的图片，如图 3.1 所示。这些图片是软件界面中的一些图标（有些文字没有被翻译）。

❷ 再次启动软件，然后单击"首选项"调板将其展开，找到"语言"子调板，再次单击将它展开。可以看到有多个可选的语言选项，当前已经设置为中文，如图 3.2 所示。

在本书案例文件夹中找到修改版的语言文件（test.zcl），将文件复制到系统文档的相应目录中。路径是 C:\Users\Public\Documents \ZBrushData 2018\ZStartup\CustomLang。在"语言"子调板中单击"自定义"→"导入"按钮，从弹出的视窗中浏览之前的目录，选择这个语言文件，单击将其载入到 ZBrush 中，如图 3.3 所示。现在就得到了一个更理想的中文界面。

❸ 单击"首选项"→"配置"→"存储配置"按钮，或是按 Ctrl+Shift+I 组合键将这个

图 3.1

变化保存下来，即可在下次启动 ZBrush 时自动应用刚才设置的语言了，如图 3.4 所示。

提示：这个语言文件是基于当前的语言创建的修正版本，用户可以随时单击"自定义"→"创建"按钮，基于当前中文语言来创建一个自定义语言文件，然后使用语言的编辑功能对它进行修订，最后保存为一个新的中文语言文件。在需要使用时将其载入，并且这个文件也可以共享给其他人使用。

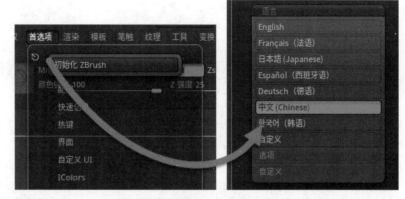

图 3.2

3.1.2 ZBrush 的界面构成

首先，ZBrush 的界面设计是简洁而富有逻辑的，并且每次版本升级都会对界面进行改良，使之变得更加灵活和人性化。只要掌握了它的设计逻辑，学习过程就会变得很简单。

图 3.3

图 3.4

其次，ZBrush 的界面并不是固定不变的，它可以根据用户需要进行自定义修改，以达到最高效的使用。软件自身就包含多个不同用途的界面布局，如有的界面更适合雕刻，有的则更适合对模型着色。在后续章节中也会展示一些自定义界面，从中学习它们的设计思路，最终使用自定义功能打造更适合自己的工作界面。

现在以 ZBrush 2018 的默认界面为例，了解界面的各个组成部分，如图 3.5 所示。

ZBrush 软件界面是由图 3.5 中数字标识的功能区域构成的，按照数字排列是：①标题栏；②菜单栏；③状态栏；④工具架；⑤历史记录滑块；⑥视图区；⑦灯箱视窗；⑧左右托盘；⑨快捷菜单；⑩弹出面板；⑪时间线。

下面按照数字编号逐一进行介绍。

1. 标题栏

标题栏位于屏幕顶端，它包含了很多功能按钮，如最右侧的标准视窗按钮（最大化、最小化、关闭）。注意，大多数的功能

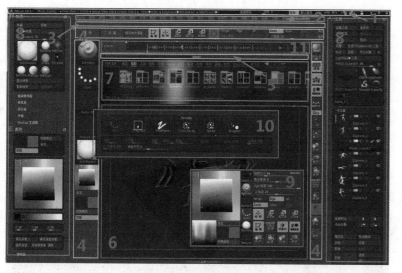

图 3.5

图 3.6

图 3.7

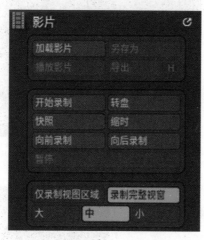

图 3.8

图 3.9

图 3.10

按钮并不常用，所以在这里不再赘述，如图3.6所示。

2. 菜单栏

标题栏下方是类似系统文件夹的菜单栏，在这行中会显示ZBrush所有的菜单（包括自定义菜单）。这些菜单是按照字母顺序排列的，在中文环境下也遵循这个规则排序，如图3.7所示。

ZBrush所有的控制选项都按照内容进行分类，然后组合为一个个菜单。例如，"灯光"菜单包含与灯光相关的控制选项；"影片"菜单则包含了很多记录ZBrush影片和输出控制，这样也便于用户寻找需要的选项，如图3.8所示。

提示：在ZBrush软件中"菜单"又被称为"调板"，所以为了保持名词统一，在后续章节将使用"调板"来替代"菜单"。

3. 状态栏

在"调板"列表下方是"状态栏"，该区域将显示位于光标下选项的提示信息，如图3.9所示。此外，它还会显示某些功能在执行操作时的反馈，如当渲染场景时将显示一个进度条以及一些有用的信息，如图3.10所示。

4. 工具架

"状态栏"下方是一排工具按钮，这排按钮占据的区域属于工具架区域。这样的区域共有4个，它们围绕着界面中心的视图区进行排列，如图3.11所示。

这四个部分分别是：①顶部工具架；②底部工具架；③常用调板拾取器；④视图导航与编辑模式帮助器（统称为左右共用项目）。

注意：这些称呼不必特别记忆，只需知道工具架是摆放各种界面元素（如按钮、图标和滑杆）的区域即可。界面元素的内容可看看3.1.3小节。

默认的视图区的顶部和两侧已经摆放了最常用的控制选项。底部工具架在默认界面布局中并没有摆放选项，在图3.11中工具架底部显示的工具按钮是切换了另一个界面布局的效果。

提示：在开启自定义功能后，工具架的每一部分都可以自动扩展以容纳最多的元素。用户可以安排更多的界面元素，如图3.12所示，甚至菜单栏的调板也可以放置在工具架上。

工具架包含了很多常用的功能选项，详细内容将在后续章节中介绍。

5. 历史记录滑块

工具架下面有一个浅灰色的矩形滑块，如果对场景中的对象做了操作，矩形就会向右移动，深灰色轨道区就是操作历史轨道，如图3.13所示。

软件会记录场景中对象所

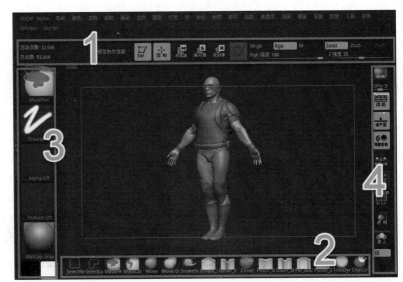

图　3.11

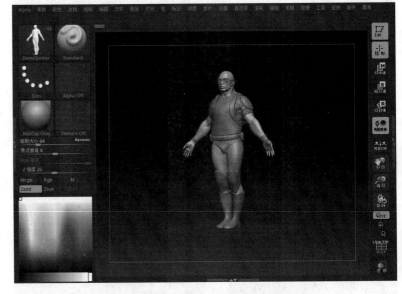

图　3.12

图　3.13

做的操作，这种操作累积起来就形成了历史记录，历史记录可以撤销也可以重做。如果操作的效果不理想，通常其他软件就是不断按 Ctrl+Z 组合键（或撤销按钮）来执行撤销操作的，这样不仅不直观而且低效，大大降低了用户的使用体验。

在 ZBrush 中用户可以通过拖动滑块快速滚动操作历史，灵活而精准地定位操作过程，还可以随时取消某段历史。通过历史功能可以大幅降低过程文件的数量，并且可以随时切换到某个位置进行修改，可以说 ZBrush 的历史记录功能超乎寻常的强大且方便。

6. 视图区

界面的中心区域就是 ZBrush 的视图区（也称为画布）。默认是一个深灰色的空白区域。用户可以在该区域操作模型，如雕刻和绘制颜色。当载入模型后，在视图区的四周会有一个白色的细边框表示当前处于 3D 编辑状态，如图 3.14 所示。有关视图区操作的更多内容将在后续章节介绍。

7. 灯箱视窗

灯箱 (LightBox) 是一个内容库浏览工具。默认在启动软件后，它将在视图区上方自动弹出一个视窗面板。在视窗内显示了 ZBrush 软件根目录文件夹中各个子文件夹的内容，并且将常用文件夹设置了相应的"标签"以便快速切换。这些标签包括项目、工具、笔刷、纹理、Alpha、材质、噪波、纤维、阵列、网格（地平面）、文档、快速保存和聚光灯，如图 3.15 所示。

在灯箱视窗中的文件夹会显示其中文件的缩略图，方便用户了解内容类型。一个文件夹图标默认最多显示 4 个文件的缩略图，如果要全部查看，可以双击文件夹图标将其在灯箱视窗中打开，如图 3.16 所示。

双击左边的文件夹图标（带有一个向上的箭头）可进入上一级目录，如图 3.17 所示。

双击每个标签中的缩略图将在软件中打开该文件。每种文件类型都会载入到对应的调板中。例如，工具会载入到工具调板；笔刷会自动载入到笔刷调板；材质会载入到材质调板并替换当前的材质，然后应用到当前的模型上。

8. 左右托盘

在 ZBrush 视图区的左、右两侧各有一个可以折叠的功能区，这个区域称为左右托盘。右托盘是默认开启的（包含一个工具调板），而左托盘是默认关闭（隐藏）的，如图 3.18 所示。

❶ 开关托盘

在画布和托盘之间有一个双箭头图标，它称为分隔栏。双击区域（图 3.19）就可以从

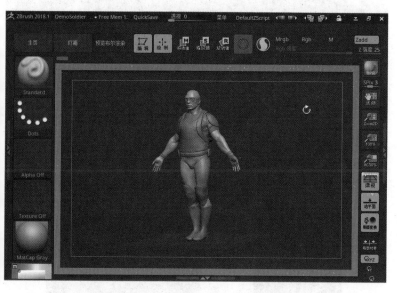

图　　3.14

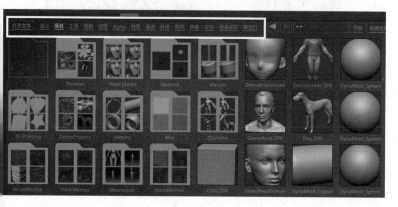

图　　3.15

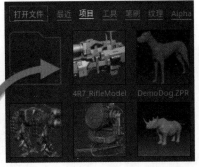

图 3.16

图 3.17

视窗中分隔出一个托盘区域，再次执行操作将关闭该托盘区域。此时托盘中的调板仍然存在，只是被暂时隐藏了。

提示：分隔栏操作不限于图标的范围，从图标处延伸到界面顶部（除标题栏）和底部区域都可以产生应用效果。

左、右托盘用于存放菜单栏的调板（不限数量）。其中的调板呈上下排列，从而可以更便捷地操作单一/多个调板中的选项。有时展开的调板比较长，可能会看不到底部，用户可以将鼠标光标移动到托盘的空白处，光标将变为双箭头，此时可以上下拖拉滚动调板，浏览底部未显示的内容，如图 3.20 所示。

❷ 将调板移至托盘

用户只需通过单击并拖动调板的手柄图标就可以将一个调板拖进自己选择的托盘中，如图 3.21 所示。

如果直接单击调板的手柄图标，该调板将自动移动到"软件预设"的托盘顶部，并不一定

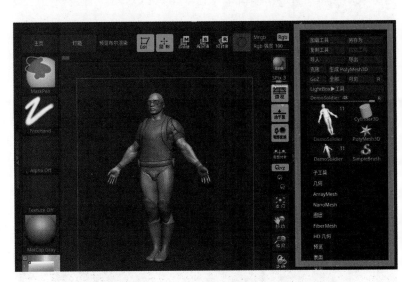

图 3.18

图 3.19

图 3.20

是当前打开托盘的顶部；如果托盘没有开启，将自动展开托盘，并且该调板将移动到托盘顶部。

如果要从托盘中去除某个调板，只须单击托盘上该调板的手柄图标，就可以把调板从托盘上去除。

注意：在托盘中，调板的手柄图标位于右上角，在菜单栏中时则位于左上角，如图 3.22 所示。

提示：按住 Alt 键单击界面的选项可以在托盘上展开该选项所在的调板。这是一个非常方便、快捷的设计，可以帮助用户迅速切换到需要的调板。

图 3.21

❸ 折叠调板

单击托盘中的调板名称区域将折叠该调板，可节省在托盘里占用的空间，再单击该区域可再次展开该调板，如图 3.23 所示。

当托盘上存放了多个调板时，按住 Shift 键单击任意调板的标题区域就可以将该托盘上的所有调板折叠起来。

图 3.22　　　　　　图 3.23

9. 快捷菜单

快捷菜单是一个浮动面板，它包含大部分常用选项及调板图标，就像一个迷你版的界面，如图 3.24 所示。用户在画布的任意区域右击（或按空格键）即可弹出快捷菜单面板，然后就可以在面板中操作。当鼠标光标移出面板区域时，快捷菜单就会消失。

图 3.24

10. 弹出面板

单击界面左侧的 Alpha 缩略图图标将弹出 Alpha 面板。此时如果单击笔刷、Stroke（笔触）、Textue（纹理）和 Material（材质），也会有弹出面板。

在弹出面板最顶部的 Quick Pick（快速选取）区域将展示曾经使用过的工具，方便快速选择，如图 3.25 所示。

注意：工具调板的弹出面

板需要在调板中单击缩略图图标来开启，如图 3.26 所示。

11. 时间线

时间线轨道可以用于创建动画、保存模型的视角，默认是隐藏的。可以在"影片"→"时间线"子调板中单击"显示"开关来启动时间线轨道，如图 3.27 所示。此时时间线轨道位于工具架的下方。

上面的内容介绍了界面的各个功能区，接下来简单了解一下构成界面的各种元素，这也便于统一认识书中的术语名词。

3.1.3 界面元素

在 ZBrush 软件中最常见的界面元素有 5 种，分别是按钮、开关、滑杆、色板和曲线图。下面将逐一介绍。

1. 按钮

在默认的界面中按钮是一个深黑色界面元素。单击按钮将执行一个命令。用户可以在工具架和调板上找到这种界面元素，如"灯箱"按钮。

注意：有些按钮只有文字，有些按钮只有图标，有些按钮则同时包含了文字和图标，如图 3.28 所示。

2. 开关

开关是界面上能够开启和关闭的界面元素。在关闭时开关显示为深灰色；激活时则显示为橙色，如工具架上的编辑（Edit）、绘制和移动轴开关。在一个开关上单击将选择该模式，它将显示为橙色，这表明它处于激活状态。如果激活了一个相排斥的开关，那么之前相关的开关都会关闭。例如，激活移动（缩放 / 旋转）轴开

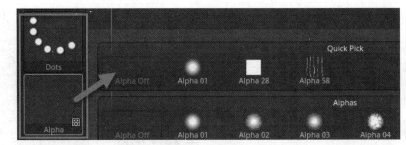

图　3.25

图　3.26

图　3.27

关后，绘制相关的开关（如 RGB、RGB 强度）将变为不可用，如图 3.29 所示。

3. 滑杆

滑杆可以让用户在一个特定范围内设置数值。例如，RGB 强度滑杆允许设置 0~100 的数值。在滑杆名称旁边显示了当前设置的数值。滑杆名称下面是一个带有橙色指示器（标出数值的位置）的渐变色条。色条最左边对应最小值，最右边对应最大值，如图 3.30 所示。

图　3.28

图　3.29

图 3.30

图 3.31 图 3.32

单击并拖动滑杆可以改变滑杆数值。如果要设置精确的数值，用户可以单击滑杆再输入数值，然后按键盘上的 Enter 键来确定设定的数值。

4. 色板

色板是界面各个区域可以看到的一些小色块，如图 3.31 所示。在色板中单击并拖拉将把光标变为一个带有 PICK 字样的颜色拾取器，移动光标到界面的任何位置可以拾取该位置的颜色，如图 3.32 所示。

在色板中单击将弹出一个大的颜色选择器，方便用户从中精确地选择颜色。如果鼠标光标移出弹出面板的范围，该面板将会消失，选择的颜色将应用给色板，如图 3.33 所示。

5. 曲线图

曲线图也是一种界面中常见的元素，它类似于 Photoshop 的曲线调整功能，可以帮助用户更直观地修改数值。曲线图具有广泛的适应性，因此在 ZBrush 的很多调板中都有此功能，如图 3.34 所示。

现在已经初步了解了 ZBrush 界面的基础知识，在 3.2 节我们将学习 ZBrush 的工具及视图操作。关于更深入的界面内容将在后续章节介绍。

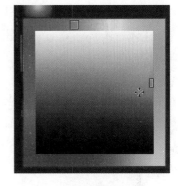

图 3.33

图 3.34

3.2 ZBrush 的工具

本节学习 ZBrush 软件的工具及其相关知识。

3.1 节介绍灯箱浏览器时提到了 ZBrush 中的工具，如图 3.35 所示，可以看到在浏览器的项目和工具标签中包含了许多可以载入使用的模型，而这些模型只是 ZBrush 的工具类型中的一种。在 ZBrush 中"工具"是 2.5D 工具、3D 工具、ZBrush 中创建以及从外部输入的各种网格模型的总称。

要想了解更多工具的内容，需要切换到工具调板。

将工具调板在托盘上展开，然后单击工具调板的 SimpleBrush

图标，从弹出面板中可查看 ZBrush 完整的工具类型列表，如图 3.36 所示。

可以看到工具调板的弹出面板分为 4 个区域。顶部区域是摆放之前使用过的工具，底部区域是一些工具的命令按钮，在中间两排显示的就是要了解的工具。它们是两种完全不同的类型——3D 网格工具和 2.5D 笔刷工具，如图 3.36 所示。接下来将对它们分别进行介绍，首先从 3D 网格工具开始。

3.2.1 3D 工具

默认状态下，弹出面板中展示的 3D 网格工具是指参数化模型。参数化模型既包括球体、柱体、圆环、立方体、圆锥和平面等基本形体，又包括齿轮、螺旋体和箭头等特殊形体。注意，列表中最后的红色 ZSphere（Z 球）工具也是一种特殊的参数化对象，如图 3.37所示。

之所以称其为参数化，是因为这些模型都有属于自己的选项控制，并且能够反复修改，如图 3.38 所示。

通过调节参数化模型的选项，可以基于源模型轻松生成更多不同的造型。这里以 Cube3D 工具为例，调节其选项生成了一系列的新造型，如图 3.39 所示。左一是默认的立方体，左二设置为 6 边，左三设置了扭曲，左四将扭曲提高了 4 倍（扭曲 360°）。

接下来浏览一下更多的范例，如图 3.40 所示。图中选择使用圆柱和球体生成一系列不同的造型。

参数化模型除了可以调节预设参数来改变形态外，还可以通过配合遮罩（类似 Photoshop 软件中的蒙版）和变形操作器对模型应用变形，从而产生变化万千的造型，效果

图 3.35

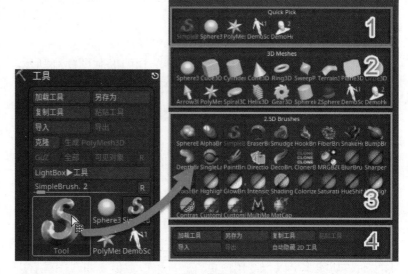

图 3.36

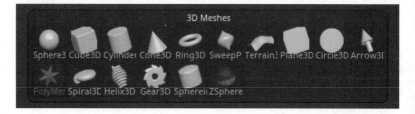

图 3.37

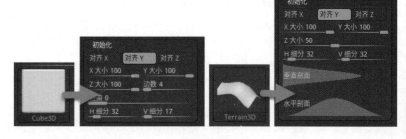

图 3.38

如图 3.41 所示。

上面只是简单造型的示范，下面几幅图例更全面地展示了这种流程所能达到的效果。

图 3.39

图 3.40

图 3.42 是一把弯刀。注意观察，图 3.42 中的各个武器部件都是由图 3.41 所示的流程制作完成的。

图 3.43 是人物角色。注意观察，图 3.43 中角色的服装部件也是采用该流程制作完成的。

图 3.44 是两幅机械类作品，它们也是使用参数化模型的遮罩变形流程制作完成的。

经过上面的介绍，相信大家对参数化模型的概念已经有了足够的了解。现在来做一下总结。

参数化模型本质是一个小型的程序化工具，它可以通过调节预设参数来得到所需的基础造型，并且还可以配合遮罩和变形来进一步变化。在完成这一步之后，如果还不是我们期待的最终效果，就需要将"参数化模型"转换成"网格模型"来应用更多的操作，如对它进行拓扑的修改或是造型雕刻。

转换成"网格模型"的操作很简单，只需单击工具调板

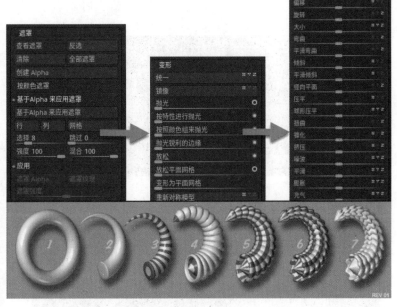

图 3.41

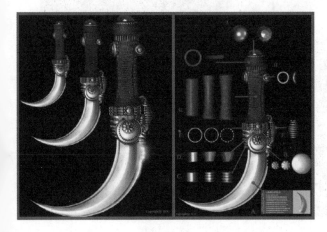

图 3.42

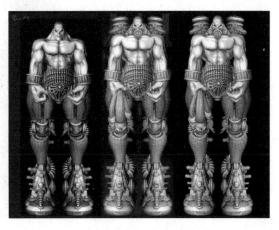

图 3.43

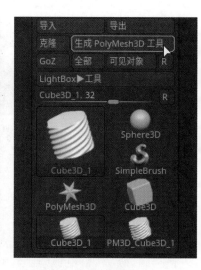

图 3.44 图 3.45

的"生成 PolyMesh3D 工具"按钮,就可以基于参数化模型的当前状态生成一个全新的网格模型了,如图 3.45 所示。

转换后的网格模型没有参数编辑能力,这类模型属于在 ZBrush 内部生成的模型,它和从外部载入的模型一样都只是网格模型。它们都将在弹出面板的 3D 网格和 Quick Pick(快速选取)区域中显示并排列,如图 3.46 所示。

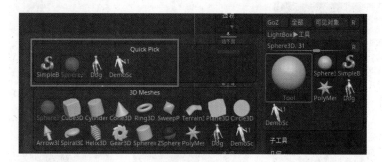

图 3.46

有关参数化模型的内容就介绍到这里,更多的内容如"Z 球"将在后面章节中详细介绍。接下来简单了解一下单一网格模型和多对象网格模型。

在图 3.46 中可以看到参数化工具生成的模型都是单一网格体,可以展开子工具子调板,在子工具列表中添加对象来生成多对象的网格模型。如输入的士兵模型就是一个多对象(子工具)组成的模型,如图 3.47

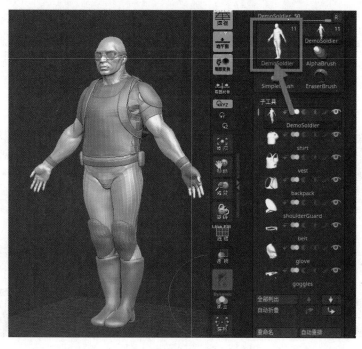

图 3.47

所示。注意，子工具子调板是
工具调板的第一个子调板。

3.2.2 2D、2.5D 和 3D 的概念

❶ 2D 是指一个平面区域。
在这个区域中的对象可以包含
X、Y 轴向（即水平和垂直方向）
的坐标位置信息和颜色信息，
通常所见的照片就属于这一类
型，如图 3.48 所示。

在 2D 模式下，ZBrush 可
以作为绘画软件来使用，图 3.49
和图 3.50 所示的两幅图展示了
在这个模式下使用笔刷工具的
绘画效果。

❷ 2.5D 是在 2D 平面的基
础上增加了 Z 轴方向的深度信
息。在 ZBrush 软件中 2.5D 对
象有个独特的称呼，即 Pixol，
它可以包含位置、颜色、朝向、
深度以及材质信息等内容。

在 ZBrush 软件中生成 2.5D
对象的方式有两种：一是使用
2.5D 笔刷在视图中描绘效果，
此时的笔触效果类似于现实中
的油画（带有厚度）；二是在视
图中摆放 3D 模型（不进入编
辑状态），它将自动变成 2.5D
对象。转化之后它仍然具备很
多 3D 模型的属性，如光源可
以与它的深度信息进行互动，
从而产生阴影和景深模糊。此
外，也能和材质互动进行渲染
着色，如图 3.51 所示。

图 3.48

图 3.49

图 3.50

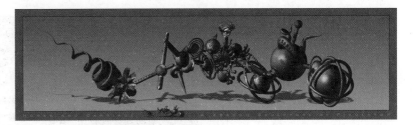

图 3.51

与 3D 空间中的模型相比，2.5D 对象的深度信息是固定的，
它的位置及方向等关系也是固定的。可以想象一下墙面上的浮
雕，它们的位置是固定的，在灯光照射下会产生阴影，但并不能
像石膏像那样可以在 3D 空间中随意改变位置和角度，如图 3.52
所示。

再看图 3.53，图中的对象具有明确的空间深度，在光源照射
下产生了真实的空间感，但它只是 2.5D 对象，并不能像 3D 空间
那样用旋转物体的角度来查看它的另一面。

图 3.52

图 3.53

❸ 3D 具有真实的空间深度，可以随意修改模型在空间中的位置、角度和比例。当用户在视图区操作模型时，与其他 3D 软件的视图操作体验是很相近的。

现在我们已经了解了 ZBrush 的用户环境及相关概念，接下来再来看一下 ZBrush 的 2.5D 工具。

3.2.3 ZBrush 的用户环境（视图区）

3.2.1 小节介绍了 3D 网格工具。与其他软件相比，ZBrush 软件的 3D 工具并没有什么差异，但接下来要介绍的 2.5D 工具就比较特殊了。ZBrush 软件既然包含了 3D 工具和 2.5D 工具，也就说明它拥有一个支持这些工具使用的环境。接下来就对这个特殊的软件环境做一下说明。

众所周知，ZBrush 是一个

非常强大的软件工具。它集雕刻、绘画和渲染成像等多种功能于一身，能满足多种创作的需求，如插画和雕刻。为了实现这个目的，ZBrush 的软件核心也是非常独特的。

从设计之初，ZBrush 软件就构建了一个非常特殊的操作环境（视图区）。它的视图区中可以让用户在 2D、2.5D 或 3D 模式下工作。当用户雕刻 3D 模型时，它就充当雕塑台的功用，甚至比真实的 3D 空间更加顺手；而当用户在视图中摆放 3D 模型，将转换为 2.5D 对象，此时视图就像真实环境中的油画布一样，可以使用各种 2.5D 画笔工具修饰它，最终完成一张图像作品，如图 3.54 所示。

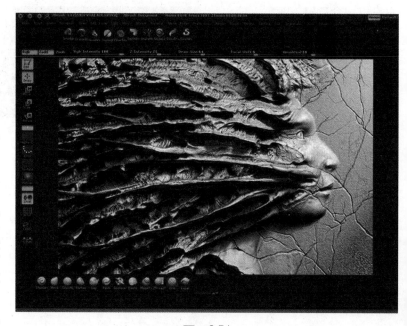

图 3.54

现在我们对软件的操作环境（视图区）有了初步的认识，为了更好地理解 2.5D 工具，还需要认真学习 3.2.2 小节 2D、2.5D 和 3D 的概念，进一步了解视图所支持的这些内容都包含哪些信息。

3.2.4 2.5D 工具

工具调板的弹出面板第三排展示了 ZBrush 的 2.5D 工具，它主要在绘画时使用。用户可以像使用笔刷那样在视图区涂抹、添加或减少效果。其操作和绘画软件类似（如 Photoshop）。此外，还可以用笔刷涂抹某些区域，修改该区域的颜色色相、饱和度和亮度，如图 3.55 所示。

因为现在的 ZBrush 用户主要使用 3D 工具，2.5D 工具已经属于不常用的功能，所以这里对这类工具简单了解一下即可。通常，可以单击弹出面板中的"自动隐藏 2D 工具"开关，将这类工具全部隐藏，这样既节省了面板空间，视觉上也更容易集中到 3D 工具上，如图 3.56 所示。

现在我们已经初步了解了 ZBrush 软件中的工具，接下来将学习在 ZBrush 视图中操作工具的方式——ZBrush 的操作模式。

图 3.55

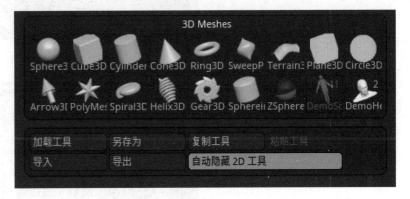

图 3.56

3.3 ZBrush 的操作模式

ZBrush 有三种工作模式控制着工具的使用状态，分别是绘制（Draw）模式、变换（Transform）模式与编辑（Edit）模式，如图 3.57 所示。下面就对这三种操作模式进行介绍。

图 3.57

3.3.1 绘制模式

在这个模式下可以选择 2.5D 笔刷工具或 3D 工具，然后选择不同的笔触（Stroke）类型在画布上产生效果，笔触面板如图 3.58 所示。

图 3.58

笔触应用类型除了可以在视图中直接涂抹外，还可以把对象按照线性阵列、环形阵列、矩形阵列甚至还可以喷洒。下面分别展示 2.5D 对象和 3D 模型应用不同笔触类型的效果。

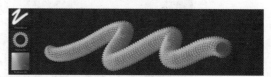 

图 3.59

❶ 2.5D 对象的效果如图 3.59 至图 3.61 所示。图 3.59 中，左图使用 Alpha 在视图中涂抹，右图是对 Alpha 进行环形阵列。

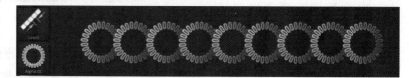

图 3.60

❷ 图 3.62 所示为 3D 对象的应用效果。

更多的案例如图 3.63 所示。画面中五颜六色的花丛就是使用 3D 模型在树枝上喷洒而成。

在了解绘制模式之后，接下来看一下第二个模式——变换模式。

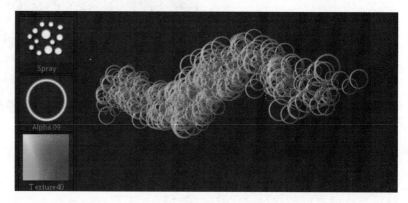

图 3.61

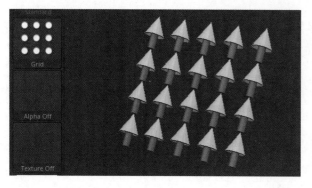 

图 3.62

3.3.2 变换模式

当在画布上涂抹了一个笔触或3D物体后，如果想要移动、旋转、缩放这个对象，就要从绘制模式切换到变换模式。激活"移动轴""缩放轴""旋转轴"开关就可以进入变换模式，如图3.64所示。

进入变换模式后，视图中会出现一个操作器，这个工具叫作陀螺仪工具，它的外观和操作与其他3D软件的Gizmos工具非常相似，如图3.65所示。

用户可以使用它对笔触或3D物体进行移动、缩放和旋转操作，效果如图3.66至图3.68所示。可以看到，在这个过程中对象是具有完整体积的，而不像2.5D状态只有视点方向的体积。

操作完成之后如果返回到绘制模式，物体和笔触将再次变为2.5D对象。此时如果涂抹了新的笔触，前一个笔触和物体就被固定在画布视图中，不能再进入变换模式进行操作了。也就是说，只有当前绘制的笔触和物体能够进入变换模式。

注意：这里的变换模式没有和编辑模式同时作用，所以它主要是针对2.5D的对象进行操作。如果变换模式和编辑模式同时作用，它的操作就是针对3D空间中的3D对象了。

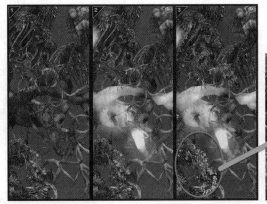

图 3.63

图 3.64　　　　　图 3.65

图 3.66

图 3.67

这时变换模式的操作器外观也会发生变化，这部分内容将在3.5.3小节中介绍。

接下来介绍编辑模式。

3.3.3 编辑模式

3D模型要想进入编辑模式，必须选择一个特定的笔触类型——DragRect，如图3.69所示。此外，其他的笔触类型只能生成2.5D对象，而2.5D对象是不能进入编辑模式的。

选择DragRect笔触可以在画布上拉出3D模型，此时就可以看到"编辑"开关变得可用，如图3.70所示。左图为拖出模型，右图为进入编辑模式。单击"编辑"开关将其激活，可以看到"编辑"开关和"绘制"开关被同时激活。这时就可以操作3D模型了，如可以对模型进行雕刻或上色。

提示：灯箱中的模型分为两类，一类是项目文件，另一类是工具，如图3.71所示。项目在开启时将自动进入编辑模式；工具需要手动从视图中拖出来，然后进入编辑模式。此外，从外部载入的模型也需这样操作。

如果先打开一个项目文件，那么之后载入的工具在选中时也会继承之前模型的编辑状态，此时就不再需要拖出来再进入编辑模式了。

图 3.68

图 3.69

图 3.70

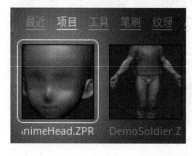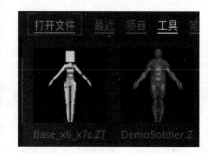

图 3.71

如果关闭"编辑"开关，3D模型就会临时变成2.5D对象，此时如果进入变换模式，仍然可以使用陀螺仪工具对模型进行变换操作。如果退出变换模式，重新激活"编辑"开关，就可以继续编辑该模型了，如图3.72所示。

如果没有激活"编辑"开关，而是直接在画布上绘制新的模型，那么之前的模型将不能修改，它已经固化到画布上成为2.5D效果。因此，在视图区操作模型时，没有特殊需求不要退出编辑模式。如果误操作让视图中增加了一个2.5D对象，可以按Ctrl+N组合

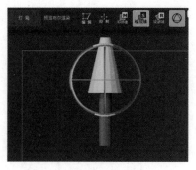

图 3.72

键清除视图中的对象。如果视图中没有了3D模型，可以再次拖拉出一个，然后进入编辑模式。

如果同时开启"编辑"和"变换"开关（移动轴、旋转轴、缩放轴），默认将激活Gizmos操作器，用户可以使用它对模型整体或局部进行变换操作，如图3.73所示。

ZBrush的视图功能设计得有些复杂，但这也是它独特的环境造就了与众不同的操作模式。由于2.5D的功能在工作时很少使用，所以这里的介绍是为了让大家对这些操作模式有足够的了解，并且如果不小心生成了2.5D对象也能轻松处理。

在了解了ZBrush的操作模式后，接下来将学习在视图中对3D模型执行视图导航操作。现在从灯箱中打开一个项目文件（DemoSoldier模型），这个模型是一个多对象组成的物体，下面使用这个模型来演示在视图中的操作。

图 3.73

3.4 视图导航和视图显示功能

在ZBrush中提供了多种视图导航的方法。下面详细介绍ZBrush的各种视图操作功能。

注意：视图导航的移动、旋转、缩放并不会改变模型的位置比例，只是影响在视图区中的显示效果。要想真实改变模型的状态，需要使用Gizmo中的移动、旋转、缩放功能。

1. 移动

❶ 按住Alt键在视图区单击并拖动。

❷ 按住Alt键在视图区右击并拖动。

❸ 单击界面右侧工具架的"移动"按钮，然后拖动，如

图3.74所示。

2. 旋转

❶ 在视图区空白处（不位于模型上方）单击并拖动。

❷ 在视图区右击并拖动。

❸ 单击界面右侧工具架上的"旋转"按钮，然后拖动，如图3.74所示。

❹ 拖拉旋转时按住Shift键可以将模型旋转到正交视角（如正面和侧面）。

3. 缩放

❶ 按住Alt键在视图区空白处（不位于模型上方）单击，然后松开Alt键继续拖动。注意，操作过程中不要释放鼠标/手绘笔。

❷ 在视图区按住Ctrl键右击并拖动。

❸ 单击界面右侧工具架

的"缩放"按钮，然后拖动，如图 3.74 所示。

4. 最大化显示当前的工具（Frame）

除了上面介绍的操作外，最大化显示模型也是一个常用操作。当单击界面右侧工具架上的"适应"（最大化）图标时，如图 3.75 所示，就可以执行最大化视图预览操作——缩放当前模型以匹配当前视图的尺寸。该功能的快捷键为 F。

提示：选择一个子工具，第一次按 F 键将把全部工具作为一个整体在画布中最大化显示，比例与当前视图的尺寸相匹配。再次按 F 键将在视图中最大化显示该子工具。第三次按 F 键将返回整体的最大化显示，这是个非常高效、实用的功能，可以让我们快速集中到局部对象进行操作。

5. 孤立显示（Solo）

有时需要单独处理一个对象，此软件提供了一个孤立（Solo）模式来帮助我们实现这个效果。在界面右侧工具架上单击"孤立"按钮，模型将进入孤立显示模式。此时只显示当前选择的子工具，其他的子工具将会隐藏，如图 3.76 所示。

再次单击"孤立"按钮将切换回来，效果类似于在子工具目录列表中单击模型的"眼睛"图标（按住 Shift 键单击），如图 3.77 所示。

按住 Shift 键单击当前选择对象的"眼睛"图标，可以孤立显示。不过在视图中操作更加快速直观——将"首选项"→"编辑"→"允许单击切换孤立"开关激活，在视图中单击就可以切换为孤立，再次单击将返回之前的显示。注意，该项操作并不影响子工具目

图　3.74　　　图　3.75

录列表中的可视性设置（"眼睛"图标开 / 关）。

注意："孤立"图标上还包含一个"Dynamic（动态）"模式开关，如图 3.78 所示。单击它将激活动态孤立，此时无须再激活孤立模式开关，ZBrush 将在移动、缩放或旋转的视图导航期间自动应用孤立模式。停止视图导航操作时将退出孤立显示。

上述功能极大地提升了 ZBrush 操纵复杂模型场景的能力，加上它拥有完全超越其他 3D 软件的性能，所以 ZBrush 软件一直是艺术家制作高精度模型的首选。无论是制作角色模型还是机械模型，它都能胜任。

6. 透明显示和 X 光显示

在处理多物体对象时，有时需要透过子工具看到其他的子工具，此时可以使用透明显示。在界面右侧工具架上单击

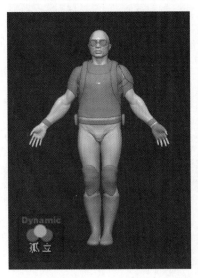
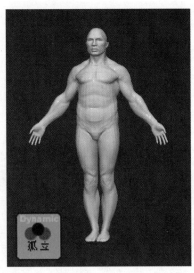

图　3.76

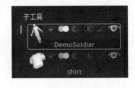

图　3.77　　　图　3.78

"透明"按钮可激活 X 光透明显示功能。这是因为软件将 X 光透明功能默认设置为优先状态，如图 3.79 所示。左图为选项图标，中图为开启 X 光的透明效果，右图为关闭 X 光的透明效果。

图 3.79

X 光透明显示可以把激活的子工具显示为类似 X 光照射的外观效果，这样可以更好地显示子工具的相对体积，也更容易看到模型组件之间的相互关系。

图 3.80

如果用户想使用基础的透明功能（图 3.79 中右图），可以将 X 光透明开关关闭，不过通常都不需要这样做。

7. 切换选择子工具

按住 Alt 键在未选择的子工具上单击就可以切换并选中它。

8. 全部列出

单击"全部列出"按钮或是在界面中的任意位置按 N 键，就会弹出一个面板，其中显示出全部的子工具，单击图标就可以选择子工具了，如图 3.80 和图 3.81 所示。

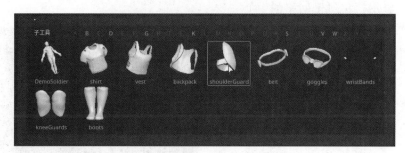

图 3.81

此外，还可以通过英文首字母在列表面板中筛选和显示模型，如图 3.82 所示。如果在命名时为同类的物体使用相同的首字母，就可以通过热键将它们筛选出来，相当于半个"组"的功能。

图 3.82

以上就是 ZBrush 常用的视图导航操作的相关内容。下一节将学习视图显示的辅助功能。

3.5 视图辅助功能

ZBrush 软件常用的视图辅助功能主要有地平面网格及其附带的坐标原点和轴向标识，此外，还有 Gizmo 操作器工具。

3.5.1 地平面网格、坐标原点和轴向标识

ZBrush 的视图也包含了其他 3D 软件中的地平面网格，这样更容易在 3D 空间中观察模型的位置和方向。默认它只开启了 Y 轴向的平面网格，根据需要也可以同时展示 3 个平面网格。在右侧工具架的"地平面"开关上激活 X、Y 和 Z，如图 3.83 所示。注意，"地平面"开关的快捷键是 Shift+P。

地平面网格还附带了轴向显示，它位于网格的中心。这个位置也就是坐标原点（3 个轴向数值均为 0）。轴向由 3 根颜色线来表示，红色代表 X 轴，绿色代表 Y 轴，蓝色代表 Z 轴，如图 3.84 所示。

提示：用户可以在"绘制"调板中定义地平面网格的颜色、透明度、平铺数量、网格大小和位置高低，也可以改变网格坐标轴（红色、绿色和蓝色）的长度，便于用户观察这些轴向，如图 3.85 所示。

3.5.2 透 视（Perspective）

现实中观察对象是在透视视角下进行的，而 ZBrush 软件默认并没有开启透视显示。在制作模型的过程中，通常是在正交模式下进行操作。

开启透视功能，软件将自动应用透视效果，如图 3.86 所示。只需单击数值就可以切换到相应的视角了。

这个效果和其他软件直接对应。通过插件"FBX 导出与导入"，用户可以得到与其他软件相同的透视设置，如图 3.87 所示。

相机可以将多个视角存储下来，然后供使用时切换，如图 3.88 所示。

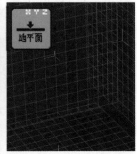

图　3.83

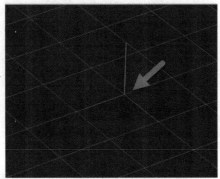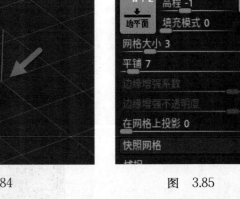

图　3.84　　　　　　　　图　3.85

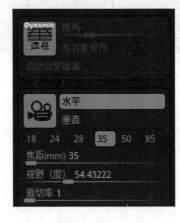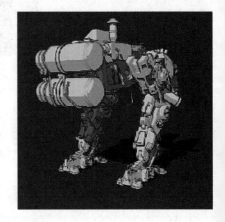

图　3.86

图 3.87

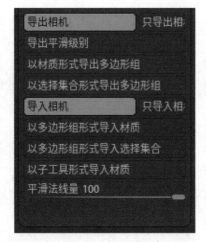

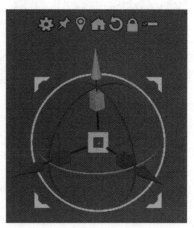

图 3.89

图 3.88

当激活移动轴、缩放轴或旋转轴开关中的一个时，在视图中的模型上将出现 Gizmo 操作器。当然，也可以关闭 Gizmo 开关（快捷键 Y），此时视图中将显示 TransPose（移调）动作线工具，用户也可以使用之前版本的流程来操纵模型，如图 3.91 所示。

提示：为了保证模型打印出来和在 ZBrush 中看到的效果相同，需要将透视视角设置为 28（或 28.6）。在这个数值时，视图中模型的透视效果与人眼观察效果最接近。

注意：Gizmo 已经具备了大部分 TransPose（移调）动作线的功能，除了调节角色的姿势外，多数情况下使用 Gizmo 来操作模型会更加快捷。

3.5.3 Gizmo 操作器

Gizmo 是 ZBrush 4R8 版本增加的工具，它是一个全新且使用方便的变换操作器，如图 3.89 所示。它不仅包含常见的 Gizmo 控制器（移动、旋转、缩放），在控制器顶部还包含一排按钮，可以用它们实现更多的效果，如可以对造型进行变形调整。在本小节中只介绍对象在 3D 空间中移动、旋转和缩放的内容，更多的功能将在后面逐一介绍。

Gizmo 操作器具有高亮显示功能。当鼠标光标移动到操作器的相应位置（无须太精确）时，将自动高亮显示该区域，这表示当前功能已经激活，可以使用，如图 3.92 所示。

对 Gizmo 工具有了初步了解后，接下来将介绍使用 Gizmo 在 3D 空间中移动、旋转和缩放模型的流程。

1. 激活 Gizmo

Gizmo 工具默认处于待激活状态，如图 3.90 所示。

图 3.90

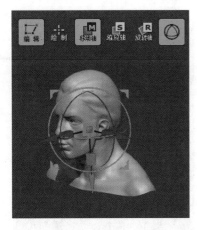
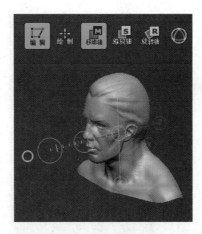

图 3.91

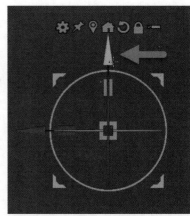

图 3.92

2. 移动模式

移动模式有以下两种不同的操作方式。

❶ 单击并拖动红色(X)、绿色(Y)或蓝色(Z)箭头,可以在相应的轴向上对当前选择的模型产生移动效果,如图3.93所示。

提示:操作器下方的信息提示区域会对操作结果实时反馈,如图3.93中显示了对象从坐标原点开始的移动距离。

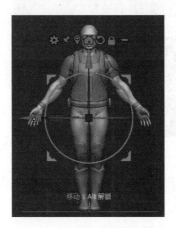
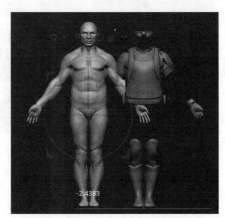

图 3.93

❷ 单击屏幕工作平面箭头(即方框),可以将当前选择的模型相对于屏幕工作平面(即*XY*轴向)产生移动,也就是在屏幕上平移,如图3.94所示。

3. 缩放模式

缩放模式有3种不同的操作方式。

❶ 单击并拖动红色(X)、绿色(Y)或蓝色(Z)矩形,在相应的轴向上对当前选择的模型应用非等比缩放,如图3.95所示。

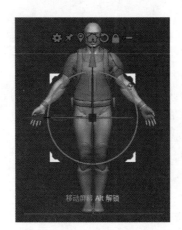
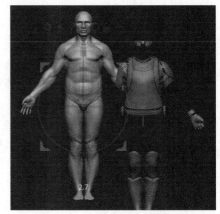

图 3.94

❷ 按住 Alt 键单击并拖动红色(X)、绿色(Y)或蓝色(Z)矩形,可以将当前选择的模型相对于工作平面(两轴缩放)以应用非等比缩放,如图3.96所示。模型在*YZ*轴向被缩小,在*X*轴的尺度保持不变。

❸ 单击并拖动操作器中心的黄色方块，可以让模型在3个轴向上应用等比缩放，如图3.97所示。

4. 旋转模式

旋转模式有两种不同的操作方式。单击并拖动红色(X)、绿色(Y)或蓝色(Z)圆圈，模型将围绕着相应的轴向旋转，如图3.98所示。

提示：按住Shift键拖动圆圈将以5°为增量进行旋转。

单击并拖曳操作器的灰色圆圈，模型将沿着与屏幕工作平面对齐的轴向（即垂直于屏幕）旋转，如图3.99所示。

5. 同时变换多个子工具

Gizmo还可以让用户实现子工具的多选和变换操控。要同时变换操作多个子工具，需要在Gizmo操作器顶部的浮动按钮中单击最后一个图标，这将激活"转换所有选择的子工具"模式。当Gizmo在这个状态下时，所有可见的子工具都将作为一个对象用Gizmo进行整体操作，如图3.100所示。

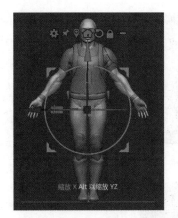
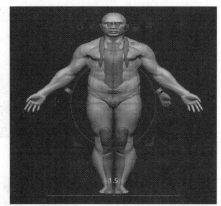

图 3.95

图 3.96

使用Gizmo移动、旋转所有子工具，如图3.101所示。

也可以选择任意数量的子工具，将选择的模型作为一个整体进行移动、缩放和旋转。选择子工具的方法是按住Ctrl+Shift组合键，在视图中拖出绿色的矩形框来框选模型，选区之外的模型都会变成带有横线的半透明效果，这表明它们处于未选中的状态，如图3.102所示。

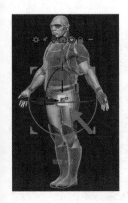

图 3.97

图 3.98

图 3.99

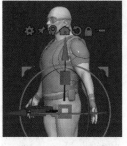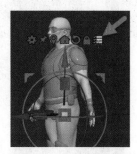

图 3.100

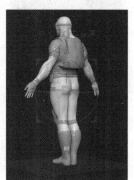

图 3.101

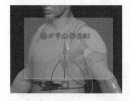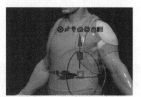

图 3.102

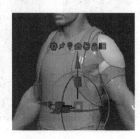

图 3.103

按住 Ctrl+Shift+Alt 组合键在视图中拖出红色的矩形框，将不需要选择的模型框选。注意，只要接触到就可以选择，无须全部包含。这样就只有上半身的衣服处于选择状态了，如图 3.103 所示。

接下来就可以使用 Gizmo 来变换模型了，使用 Gizmo 向右移动上半身的服饰模型，如图 3.104 所示。

提示：这个功能可以让硬表面模型"摆姿势"的操作过程变得更加简单，并且在 2019 版本中增加了子工具文件夹功能，所以在选择对象时会比现在更快捷，如图 3.105 所示。

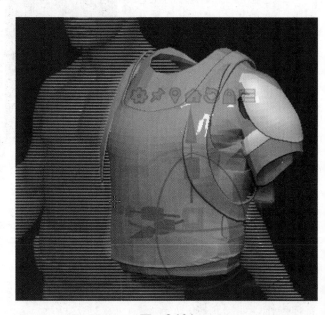

图 3.104

图 3.105

3.6　模型的选择隐藏功能

第 3.5 节介绍了子工具的选择功能，接下来介绍一些针对单个对象的选择功能。

孤立显示士兵模型的身体，然后按住 Ctrl+Shift 组合键在视图中拖出绿色矩形框来框选模型，此时框中的部分将被选择，其他部分将被隐藏。再次按住 Ctrl+Shift 组合键在视图中拖出矩形框，松开按键和鼠标时模型状态将发生翻转，即隐藏部分变为显示，显示部分被隐藏，如图 3.106 所示。

按住 Ctrl+Shift 组合键在视图空白区域单击将全部显示模型，如图 3.107 所示。

接下来是隐藏功能。按住 Ctrl+Shift+Alt 组合键在视图中拖出红色的矩形框，框选不需要的模型区域，松开按键和鼠标时框中

的部分将被隐藏，如图 3.108 所示。隐藏功能也可以使用矩形框来进行翻转选择。

提示：按住 Ctrl+Shift 组合键框选后，松开按键但不要松开鼠标，当按空格键后移动光标就可以移动颜色框，当感觉满意时松开按键和鼠标来应用选择，如图 3.109 所示。隐藏功能也可以做同样的操作。

模型上如果包含了颜色组，也可以按住 Ctrl+Shift 组合键单击来进行选取，如图 3.110 所示。注意，开启颜色组显示

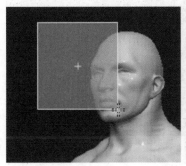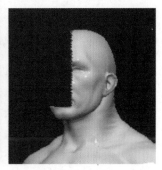

图　3.106

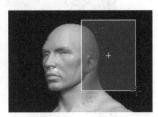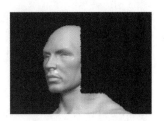

图　3.107　　　　　　　　　　　　　　　　　　图　3.108

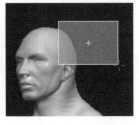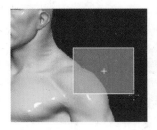

图　3.109　　　　　　　　　　　　　　　　　　图　3.110

的组合键是 Shift+F。如果在颜色组的交界处单击，会将相关联的颜色组都显示出来。

以上是最常用的选择功能，除了矩形选择框，ZBrush 还包含更多的选择类型。按住 Ctrl+Shift 组合键单击笔触图标（默认是矩形）将弹出一个笔触面板，从中可以选择圆形、线条和套索类型，如图 3.111 所示。

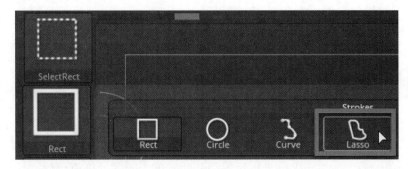

图　3.111

图 3.112 展示了使用这些笔触类型得到的应用效果。

图　3.112

套索选择有两种选取方式：一是按住 Ctrl+Shift 组合键从笔触面板中选择；二是按住 Ctrl+Shift 组合键在笔刷面板中选择，如图 3.113 所示。

注意：选择功能在 ZBrush 中也是一种笔刷类型。按住 Ctrl+Shift 组合键不仅是激活选择框的热键，还可以激活更多的相关笔刷。这个面板中还包含了更多的笔刷（Clip、Slice 和 Trim 类）。

图　3.113

套索选择可以在视图中画出任意形状来选择模型，如图 3.114 所示。

提示：按住 Ctrl+Shift 组合键选择其他类型之后，松开热键但不要松开鼠标，按 Ctrl 键可以将选择类型切换回默认的矩形，继续按 Ctrl 键可以在两者之间切换。

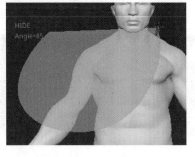

图　3.114

现在已经了解了选择功能，接下来再学习另一个重要的功能——遮罩。

3.7　模型的遮罩功能

遮罩是 ZBrush 的核心功能之一，遮罩的主要作用就是定义一个不受雕刻、着色和变形作用的区域。它的理念和 2D 软件相似。

软件可以让我们手动在模型上绘制出遮罩（黑色）区域，也可以基于条件自动生成一些特定的遮罩效果。

　　常用的遮罩功能是手动生成遮罩，可以按住 Ctrl 键在视图中拖拉出一个黑色矩形框来框选模型，模型被框选的区域将应用遮罩效果，如图 3.115 所示。

　　可以按住 Ctrl+Alt 组合键在视图中拖拉出一个白色矩形框来框选模型的遮罩区域，被框选的区域将被取消遮罩效果，如图 3.116 所示。

　　可以看到遮罩的边缘有些模糊，这是因为它的清晰度和当前模型的精度是相关联的，如果要得到更清晰的遮罩，需要在应用前设置更高的模型精度。

　　与选择笔刷类似，遮罩也有更多的类型，按住 Ctrl 键单击笔刷图标，可以看到很多遮罩笔刷（圆形、线条、套索等），如图 3.117 所示。

　　本章学习了一些基础功能

和常规操作。下一章将学习 ZBrush 中的建模工具，先从硬表面类型开始，更细致的内容将在案例中附带讲解。

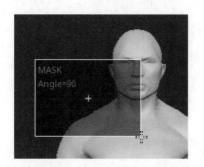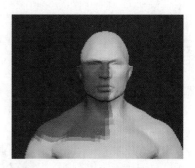

图　3.115

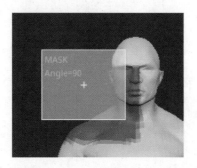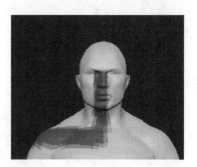

图　3.116

图　3.117

创建硬表面模型

4.1 ZBrush 的硬表面功能发展历程

本章将介绍 ZBrush 软件的多边形建模功能及其相关知识。ZBrush 软件的多边形建模功能经过了漫长的发展历程，在早期版本中只有参数化工具，用户可通过调整参数生成各种造型变化，再配合遮罩和变形修改器来修改造型。虽然也能制作出多种多样的模型，但并没有其他 3D 软件的常规建模工具，如图 4.1 所示。

到了 2.0 版本，软件增加了几何形建模功能，可以有限地修改模型拓扑，制作一些类似挤出、向内挤出操作的效果，如图 4.2 所示。

此时的建模功能在使用流程上不太直观，所以用户通常只是简单使用。与此同时，ZBrush 软件的硬表面雕刻功能也开始发展，一开始只能简单地模拟硬边缘效果，操作流程也比较烦琐，效果如图 4.3 所示。

在 3.0 版本中，多边形的建模功能没有变化，但增加了"网格提取"功能，可以基于模型上绘制的遮罩快速生成壳体模型，如图 4.4 所示的束带和束带扣。之后还可以继续雕刻或是投影纹理，在模型上生成更多的细节。

用户可以使用网格提取功能生成基础模型，然后使用新增加的"压平"笔刷雕刻出硬边和平坦表面的效果，从而制作出机甲装备模型，如图 4.5 所示。

从图 4.5 可以看出，"压平"笔刷只能简单处理表面，在制

图 4.1

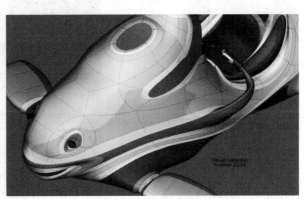

图 4.2

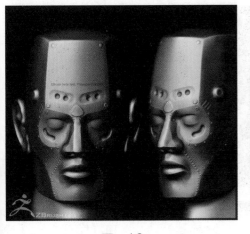

图 4.3

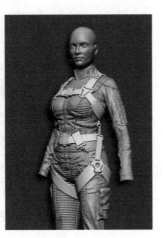

图 4.4

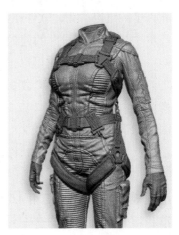

作机械表面方面的效率并不算高，效果也不够完美，模型看起来还是有点肉（软）、不够硬挺。因此，在这个阶段ZBrush的硬表面模型更多的还是使用参数化体生成基础造型，然后在视图中将Alpha图案投影到模型上来增加细节，如图4.6所示。

图 4.5

到了3.5版本，硬表面雕刻功能取得了重大进展——ZBrush开发出大量的硬表面笔刷，可以在模型上制作出精确且平坦的平面（切出）以及柔和的曲面（刮出）。用户可以使用这些笔刷轻松创建盔甲、武器和其他道具，还可以雕刻出机器人和各种形态的机械，如图4.7和图4.8所示。

在这个阶段，雕刻硬表面模型虽然是很有特色的功能，但它更多的只是对模型的修饰，因为虽然在3.0版本的"压平"笔刷基础上前进了一步，但使用它制作的模型还不够精确，因为雕刻笔刷很难完全去除人工的痕迹，为此软件在4.0版本中增加了更强大的建模功能——ShadowBox，它可以采用工业制图的三视角交叉放样图形的思路来生成3D模型，如图4.9所示。

图 4.6

这个功能可以快速制作出基础模型，而且便于修改。在生成模型后还可以使用4.0版本新增的硬表面笔刷——剪切（Clip）笔刷对造型进行修饰，

图 4.7

图 4.8

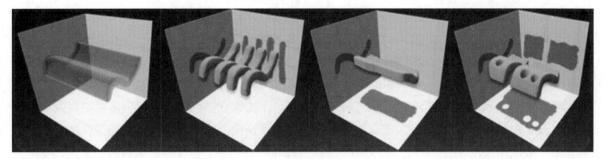

图 4.9

生成更加干净利落的边缘，如图 4.10 所示。

很显然，ZBrush 的未来发展没有极限。在后续版本（ZBrush 4R2）中将更深刻地感受到这一点。此次升级发布了一个革命性的功能——动态网格。它不仅适用于有机造型，也适用于机械造

在之前的版本中虽然也有不错的硬表面作品，但因为缺乏更强大的基础建模功能，在模型的复杂度和硬表面模型的质量方面都不算完美。而 4.0 版本具有里程碑的意义，它使制作的模型范围大幅拓展，生成的硬表面模型在质量上也非常理想，由此可以将艺术家的创作自由提高到新的维度。这可以从更多的艺术家作品中感受到 ZBrush 在硬表面制作方面的强大，如图 4.11 和图 4.12 所示。

图 4.11

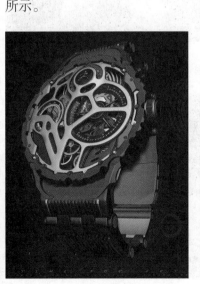

图 4.10

图 4.12

型，如可以使用它进行布尔运算来生成新的造型。图4.13和图4.14就是这个期间优秀的硬表面作品。

可以看到，从3.5版本开始，ZBrush软件的每次升级都在增加硬表面相关的功能，由此也在不断地拓展制作内容的范围——从一开始比较简单的造型到复杂且富有创意的模型，而且模型的质量也越来越规范。

当然，这些新工具所生成的模型在网格密度上都比较高。虽然这对于ZBrush来说并不算问题，但为了更高的模型质量以及更贴近业内标准，软件从R2版本开始改进了多边形建模功能，如可以使用动作线（Trans Pose）进行简单的交互式建模，可更直观地执行"挤出"操作。到了R4版本时还可以执行向内挤出，并且进一步改进了"动作线"的操作器（图4.15），让它变得更像是3D软件的Gizmo，从而大幅提高了操作效率。这项交互式建模

改进一直到R7之前都为用户广泛使用，确实功不可没。

ZBrush 4R4在ZBrush发展史上又是一个重量级版本，此次升级进一步完善了软件的各种使用流程，并且带来了重大的建模思路的变革——依靠大幅改进的插入网格笔刷功能推出了"拼装模型"的理念。用户不需要自己创建模型，只需要更有效地利用现有资源——快速从预设模型库中选择需要的模型，调整后组装成全新的模型，如图4.16所示。由此，艺术家的创意过程变得更加快捷，可以在极短的时间内探索多个概念构思。

围绕插入笔刷，软件还提供了一些辅助功能，如曲线和三段式多重笔刷，这两者的结合解决了一项在建模中的难题：通过让首尾造型保持不变，配合曲线功能无限延长中间部分，从而轻松创建复杂的拉链、链条、皮带和更多类似的物体，如图4.17所示。

此外，软件在R4版本中开始尝试对模型的布线进行优化，如增加了MeshFusion（网格融合）和自动拓扑功能。其中

图　4.13　　　　　　　　　　　　图　4.14

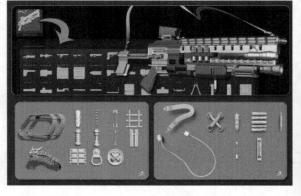

图　4.15　　　　　　　　　　　　图　4.16

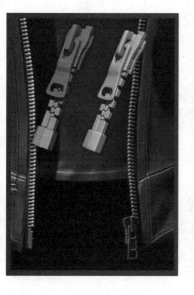

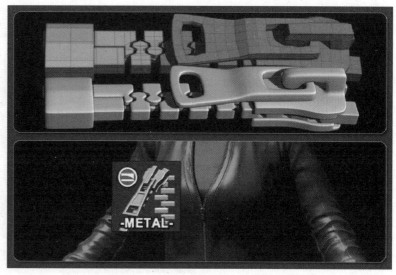

图　4.17

MeshFusion 可以实现与"动态网格的布尔运算"类似的效果。区别是它只改变模型相交区域的布线，如图 4.18 所示。这就可以更好地控制模型的网格精度，不必为得到精确的布尔运算使用非常高的网格密度了。这种布尔功能的优势非常大，除了是一次性操作外，已经近乎完美，即使是最新版（R8）的布尔运算功能，也只是胜在布尔操作过程中提供了修改编辑的能力。

由前面的章节已经知道，布尔运算是非常重要的模型制作方式，很多特定造型只有使用这种方式才可以高效地完成。到 R4 版本为止，ZBrush 的布尔功能已经经历了 3 次演变：从子工具的布尔运算到动态网格的布尔运算，再到这个版本的 MeshFusion。可以看出，它的布尔运算功能正像其他的重要功能一样，通过不断地进行方法尝试和迭代，持续地打磨抛光，从而实现更有效率的流程。

除了 MeshFusion 可以控制网格密度外，R4 版本新增的自动拓扑（QRemesher）功能是更强大也更有潜力的功能。在制作模型的过程中，ZBrush 的许多功能都会生成高密度网格，由于 ZBrush 自身处理高精度模型的能力非常强，所以对布线的容许度比较高，而在生产的最终环节通常需要一个布线良好、符合制作规格的网格拓扑。在没有自动拓扑之前，艺术家都要手动建立拓

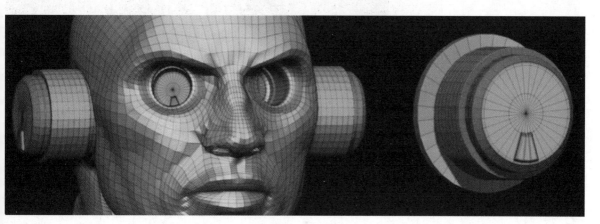

图　　4.18

扑，这个过程是艺术家感觉最无聊的工作。

自动拓扑功能可以让艺术家从这种无聊工作中解放出来。它可以自动分析网格，用户只需设置目标多边形数量，然后单击 QRemesher 按钮，软件将自动生成新的网格拓扑。用户也可以在模型上画一些曲线来引导布线的走向，让生成的网格布线更加合理。此外，还可以在模型上绘制遮罩来控制生成模型的网格密度。例如，通过在人物的面部绘制遮罩，可以在生成新拓扑时将更多的布线分布于此，如图 4.19 所示。

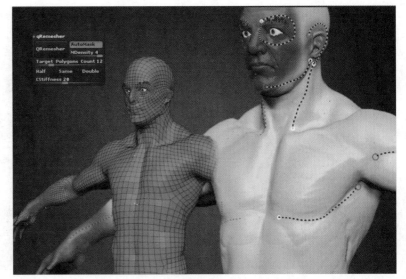

图 4.19

这个版本的自动拓扑算法还处于初级阶段，但已经是行业内一流的水准，可以极大地节省制作时间。注意，这时期的自动拓扑主要是用于有机造型，对于硬表面模型的计算结果还不是很理想，布线和结构的关系不紧密，需要使用高密度的网格数量才能计算得比较贴近原型。ZBrush 在后续版本持续发展该功能，终于取得了良好的效果。

图 4.20 和图 4.21 展示了这一期间的硬表面作品。

在 R5 版本中，软件围绕着更快捷、更简单和更智能的原则，设计了更多的建模功能，重新梳理了建模流程，让其变得更顺畅、更具实用性。此次新增的硬表面功能有 3 项，即面板循环（Panel Loops）、抛光

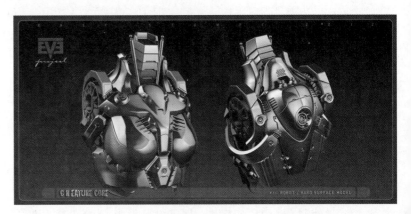

图 4.20

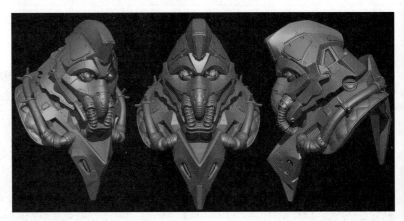

图 4.21

（Polish）变形和切割（Slice）笔刷分组功能。

面板循环功能可以基于模型上的多边形组快速生成带有倒角

的壳体造型效果。由于它内置了曲线图功能,用户可以使用它来编辑倒角的生成方式,从而快速创建盔甲或机械表面结构,如图 4.22 所示。

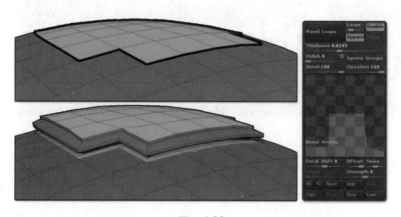

图 4.22

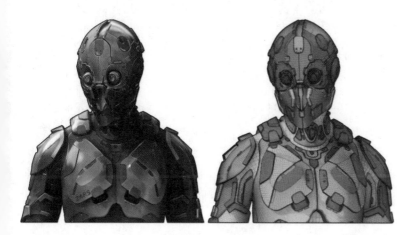

图 4.23

图 4.24

这个功能类似于 3.0 版本的网格提取命令,但更多的设置选项提供了更强大的控制力,可以实现更复杂的造型变化。面板循环功能非常强大,即使到了最新版本仍然具有最强的加厚功能,图 4.23 和图 4.24 展示了使用面板循环功能制作的盔甲模型。

Polish(抛光)变形功能可以参考模型的颜色组和 Crease(折边)来计算最新的抛光效果,实现在不减小体积的情况下智能改变模型的形体,生成更具流线型的造型,如图 4.25 所示。

通过结合 Polish(抛光)变形和 Slice(切割)笔刷可以更快速地创建平滑流畅的硬表面结构(曲面)。这是一个更优秀的流线型造型解决方案。即使与后续版本的低多边形建模流程相比,R5 版本的硬表面功能仍然是最有效的制作曲面造型的工具,因为它从造型出发,无须同时考虑拓扑布线是否合理;而多边形建模的造型虽然比较精确,但同时处理拓扑布线和造型会让效率降低很多。图 4.26 和图 4.27 展示了使用这 3 项功能制作的硬表面作品。

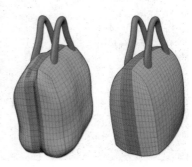

图 4.25

图 4.26

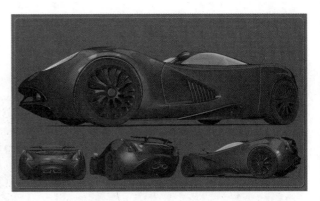

图 4.27

R6 版本对切割笔刷进行了优化，让用户可以随意在模型上切割来生成颜色组，而之前生成的颜色组都能得到保护，这样就可以用颜色组快速生成机械结构，从而再次拓展了硬表面模型的制作范围，如图 4.28 所示。

自动拓扑（ZRemesher）功能在这个版本中也得到了巨大的改进。它变得更加简单、智能，也更快捷了，并由此改善了多个建模流程，让它们变得更顺畅也更具弹性。图 4.29 展示了自动拓扑的效果。

注意：自动拓扑功能在

R6 版本中更名为 ZRemesher（1.0 版）。网格密度改由模型上的顶点色来控制，红色代表密集，蓝色代表稀疏，网格走向可以用多条循环曲线来生成环形的布线，这些改进对创建有机体尤为有利。例如，可以更好地生成眼睛、嘴巴和四肢等区域的拓扑，使之更适合生产环节，特别是动画制作的需求，如图 4.30 所示。上面的圆圈是用顶点色（红和蓝）控制生成网格的疏密，下面的圆圈是用橙色的引导线来影响网格拓扑的生成走势。

在 R6 版本中，自动拓扑功能对有机体和机械硬表面这两个类型的模型都表现良好。例如，它可以对硬表面模型的布线进行优化，让 ZBrush 的硬表面模型数据不再像以前那么密集沉重，而且布线与模型结构走势也更加统一，如图 4.31 所示。可以看到模型的新布线走势和模型结构更加贴近。

从 R7 版本开始，ZBrush 的路线有了本质的改变——由以前的创意设计路线转变为务实的实用性发展路线。新增的功能弥补了软件长久以来的缺陷，完善了整个建模功能体系，打破了一些以前在制作类型上的局限。虽然没有了以前那种激动人心的创新

图 4.28

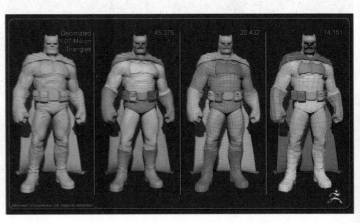

图 4.29

理念，但务实的功能一样能提高艺术的创作力，再加上强大的核心功能，ZBrush已经变得异常强大。

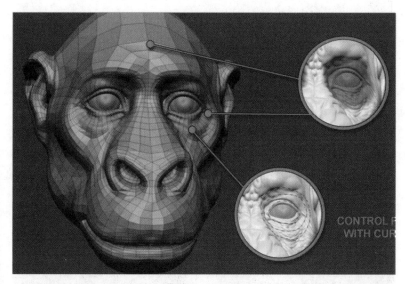

图 4.30

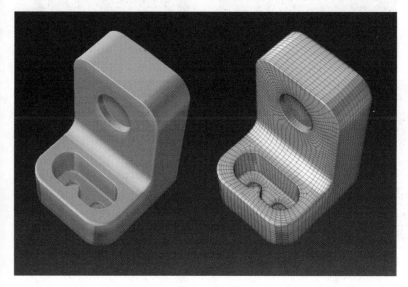

图 4.31

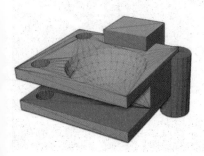

图 4.32

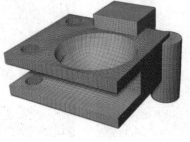

图 4.33

此次升级在硬表面方面主要是增加了真正的交互式多边形建模工具集——ZModeler笔刷。这个工具包含了完整的建模命令，可以便捷地选择应用对象，从而能快速生成各种各样的硬表面造型。与之前的建模工具相比，它更为规范化、流水线化和工业化，但也保留了一定的灵活性。总之，它是一个非常强大、易用的工具。关于ZModeler笔刷的详细内容可参考4.3节。

此外，还有一些辅助功能，如改良的"参数化模型"和"快速网格"功能、全局几何细分修改器、阵列功能（Array Mesh）和散布功能（Nano Mesh），使用它们可以快速建立复杂的场景元素。

原有的高模硬表面流程也得到进一步完善，通过改进的自动拓扑（ZRemesher 2.0）功能，可以将高精度模型生成更规则的拓扑网格，使模型更接近行业标准，如图4.32和图4.33所示。

图4.34至图4.38展示了ZModeler笔刷制作的作品。

与之前版本的作品不同，这次的模型都是低多边形加上平滑细分显示的结果，因此更符合制作标准。

注意：在软件发展过程中有些功能的使用频率降低了，但不等于它们没用了。例如，

R2~R6 的功能在概念设计领域仍然非常实用，所以新增的低多边形建模流程并不会完全替代以前的流程，而更像是补全拼图，完成整个建模体系的闭环。以前的建模思路依然有它们的优势，并且可以与现在的低多边形流程结合使用，从而得到更高的效率，以满足各个领域的制作需求。图 4.39 展示的是使用综合流程制作的作品。

接下来介绍一下 R8。这个版本软件继续完善了硬表面流程，新增的功能主要分为两部分，即 Gizmo 的参数化网格和实时布尔运算。其中参数化网格和 R7 版本的快速网格功能

相似，但它可以快速在视图中添加参数化对象，并且可以在视图中实时调节参数来修改模型，如图 4.40 所示。这个功能进一步优化了传统的多边形建模流程。

参数化网格是个小改进，此次硬表面的升级重点是实时布尔运算。这次的布尔运算在继承了之前版本的基础上，从线性流程转变为非线性流程，从而能够在制作过程中不断修改编辑，布尔效果实时改变，如图 4.41 所示。

在生成最终的布尔模型时，由于软件改进了网格生成算法，

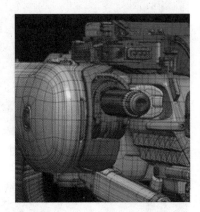

图 4.34

图 4.35

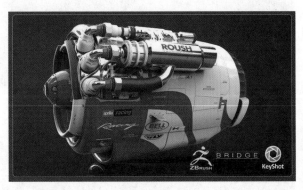

图 4.36

图 4.37

图 4.38

图　4.39

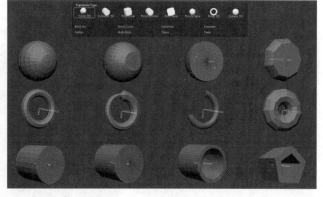

图　4.40

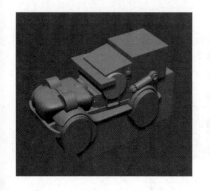

图　4.41

所以只需改变相交位置的布线即可，这让整个计算过程变得非常快速，并能得到一个布线优化的网格模型。

实时布尔运算的出现进一步完善了ZBrush的建模功能体系，目前这个功能仍然具有发展空间，让我们共同期待它的下次更新吧。

除了这两项功能外，这个版本还有一些辅助功能，如Gizmo操作器和附带的变形操作器（晶格、扭曲和弯曲等）能够实现造型的形变。这些变形工具提供了一些操作器让用户可以在视图中实时调节模型，这比使用"工具"→"变形"子调板里的变形功能更加方便和强大，并且随着软件升级，这些变形器的数量会继续增加，其类型会变得更加完善。图4.42中展示了平面模型使用圆弧弯曲变形器之后的效果。

图4.43和图4.44展示了使用R8版本硬表

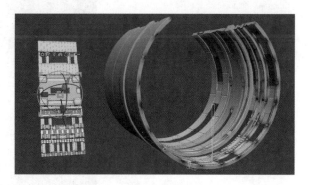

图　4.42

图　4.43

面流程制作的作品。

从这些作品可以看出,到了 R8 版本,ZBrush 硬表面功能已经非常强大,而 ZBrush 2018 仍然增加了一些操作简便且充满创意的功能。

首先,增加了更多的变形器,总数达到了 27 个,几乎将"工具"→"变形"子调板里的变形器都移植到了 Gizmo 的设置面板中,如图 4.45 所示。

除了常规的变形器外,如倾斜、锥形化、膨胀和平滑等,还包含了一些独特的变形器,其中最具特色的是"投射基础几何体"变形器。

这个工具有些复杂,接下来简述一下它的设计思路和用法。

先在视图中添加一个基本几何体,然后启用这个变形器,此时可以看到模型上出现了一些锥形操作器,数量看上去很多,但熟悉之后操作还是比较简单的。模型中心有一个 Gizmo 操作器,可以移动它,当把它移动到一定的距离时,就会出现一个新的模型,这个对象就是"投射基础几何体"变形器生成的,如图 4.46 所示。

可以调节锥形操作器在预设几何体类型之间切换,如图 4.47 所示。

还可以调节其他的锥形操作器来生成更多的变化,如图 4.48 所示。

它还可以沿着不同的轴向

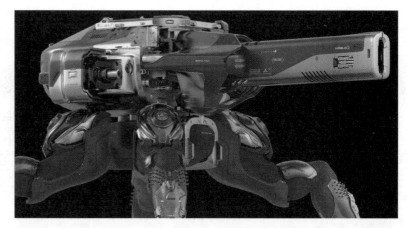

图 4.44

圆弧弯折	曲线弯折	倒角	折边
变形器	FFD硬性变形器	FFD柔性变形器	扩展器
平面化	膨胀	多重切割	偏移
投射基础几何体	使用Dynamesh重建	使用布尔并集重建	使用ZRemesher重建
使用抽取(减面)大师重建	旋转	缩放	倾斜
切割	平滑	全部光滑	拉伸
细分	锥化	扭曲	

图 4.45

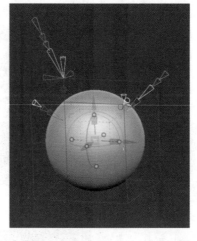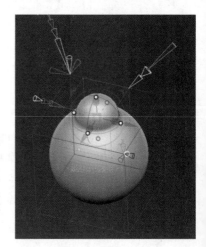

图 4.46

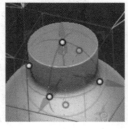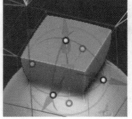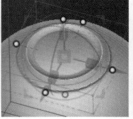

图 4.47

进行裁切，或者镜像复制模型，如图4.49所示。

这些模型可以和初始的几何体模型融为一体，产生加集的效果。用户可以控制模型之间的融合程度。注意，如果对象移动的距离过大，它会产生减集的效果，如图4.50所示。

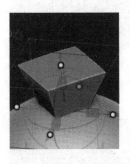

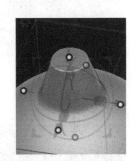

图 4.48

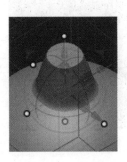
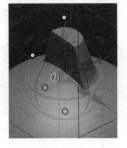
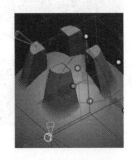

图 4.49

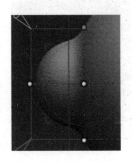

图 4.50

图 4.51

从这个功能可以看出，"投射基础几何体"变形器是一种体素运算系统，它的设计和动态网格有共同之处。与实时布尔相比，它可以在模型交界处生成柔和的融合效果。

在得到需要的效果之后，就可以确认这个效果，并且以这个调节好的形态为基础继续应用到模型上，然后使用上面介绍的操作器生成新的造型。

总之，"投射基础几何体"变形器就是使用预设的几何体来构建基础模型，通过调节锥形操作器改变几何体的造型，最终生成复杂的造型——它可以用简单的几何体生成飞行器和汽车等造型，如图4.51至图4.53所示。

其次，这个版本还增加了一种全新的快速创建多边形分组的功能——PolyGroupIt。PolyGroupIt功能可以实时、准确地评估模型表面，然后基于模型上的顶点色一键生成分组。使用这个功能可以快速制作首饰、头盔等装饰性的造型，如图4.54所示。

现在已经完成了对ZBrush的硬表面建模功能的介绍，相信大家也应该有了一个全面的认识。从下一节开始将进入硬表面建模流程的学习。

注意：由于ZBrush的硬表面建模功能众多，限于图书篇幅无法做到全面讲解，所以将介绍目前最流行、最常用的低多边形建模流程，并根据案例讲解一些附加的功能。

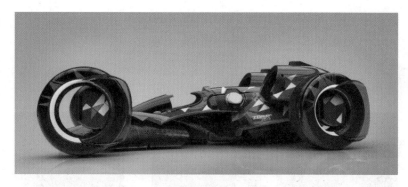

图 4.52

4.2 初始模型的制作流程

从本节开始将介绍低多边形建模流程。制作模型的第一步就是制作初始的基础模型。在 ZBrush 中可以选择两种方式来实现这个目的：一是使用预设模型——从灯箱或是插入笔刷中寻找合适的基础模型；二是使用参数化模型或是初始化多边形网格模型。接下来将逐一进行介绍。

图 4.53

4.2.1 由插入多重网格（IMM）笔刷生成基础模型

首先了解一下插入笔刷（IMM 类型）的做法。在视图中按 B 键，从弹出的笔刷面板中按 I 键进行笔刷筛选，可以看到首字母为 I 的笔刷被高亮显示出来。此时可以选择一个 IMM 笔 刷， 如 IMM Primitives 笔刷，如图 4.55 所示。

选择笔刷后，在视图区上方出现了一个类似灯箱的目录列表，可以从中单击来选择对象，如图 4.56 所示。

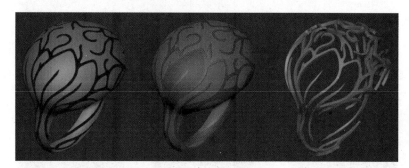

图 4.54

这个列表只能以一排来显示其中的笔刷，如果对象较多，列表就会非常长，就需要来回拖拉以找到合适的对象，很显然这个过程不够快捷。此时按 M 键，会弹出一个插入笔刷的面板，这个面板可以多排显示对象，从而让我们更快地找到需要的对象。单击对象的图标就可以切换到这个对象，如图 4.57 所示。

选择对象后，需要将笔刷里的模型转换为网格模型。展开"工具"→"几何形"→"修改拓扑"子调板，单击"从笔刷创建网格"按钮，在子工具列表中将得到这个模型，如图 4.58 所示。可以为

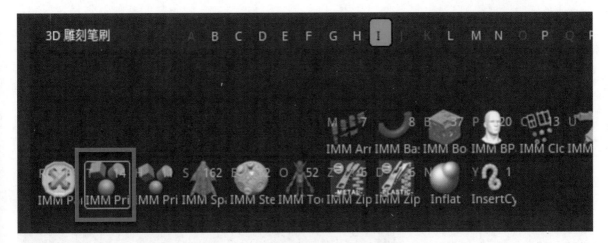

图 4.55

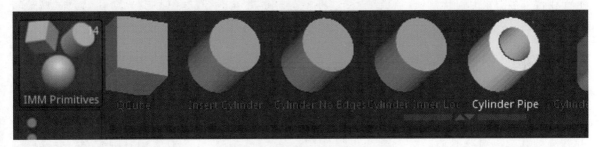

图 4.56

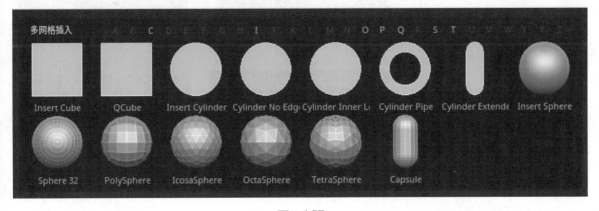

图 4.57

这个按钮指定一个热键进行加速操作。注意，可以根据需求自行制作这类笔刷。

了解插入笔刷制作模型的流程后，接下来看一下第二种方法。

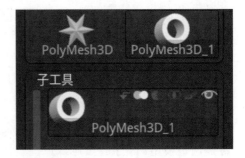

图 4.58

4.2.2 使用参数化工具或快速网格功能生成基础模型

在之前的章节中已经介绍过参数化工具，它包含了数量众多的基础原型，如从常规的圆柱体到特殊类的齿轮等，并且每一个参数化工具都包含大量的参数选项，可以调节出造型变化近乎无限的基础模型。

注意：参数化工具也有缺点。例如，有时需要拓扑上没有极点的立方体、球体和圆柱，而这是参数化工具无法实现的。图 4.59 展示了有极点的拓扑构成的模型。有极点的拓扑在平滑显示时会有些瑕疵，因此通常需要对极点做些处理。这时就需要使用"快速网格"功能或是"参数化网格"功能来生成合适的模型。

接下来介绍操作流程。

首先，任选一个多边形网格模型，如工具面板的六角星模型。单击"工具"→"初始化"子调板，将其展开，如图 4.60 所示。

单击相应的按钮就可以生成需要的模型。从左至右第一排是立方体、球体和平面；第二排是生成不同朝向（*X*、*Y*、*Z* 轴）的圆柱体，如图 4.61 所示。

图 4.61 展示了快速网格预设参数生成的模型效果，可以看到这些模型的拓扑上都没有

极点。如果想改变快速网格模型的精度，可以调节第三排数值滑杆，然后单击上面的按钮。图 4.62 展示了修改参数的结果。

除了上面介绍的两个功能外，在新版中还增加了一个"参数化网格"功能，它位于 Gizmo 操作器中。在 Gizmo 状态下单击齿轮将进入一个弹出面板（Gizmo 3D 自定义面板），其中的第一排按钮是各种多边形参数化网格模型，如图 4.63 和图 4.64 所示。

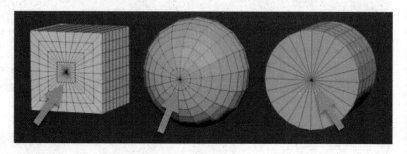

图　4.59

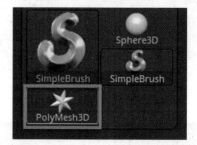

图　4.60

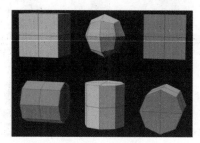

图　4.61

图　4.62

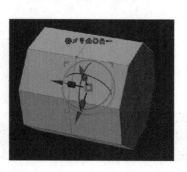

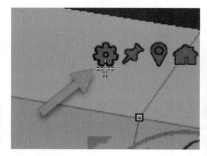

图　4.63

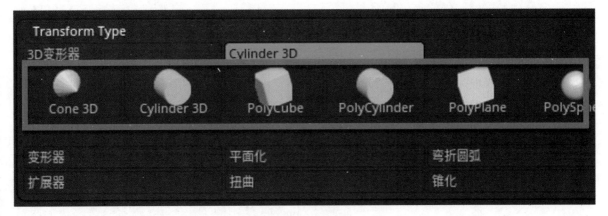

图 4.64

看上去 R8 版本新增的"参数化网格"功能和"快速网格"功能很相似，感觉有些重复，但两者确实是不同的流程设计。因为新功能代表了 ZBrush 软件未来的发展方向——更注重视图交互性以及操作的信息反馈。

"参数化网格"功能是参数化工具和快速网格的融合和优化结果，它既包含了最常用的参数化模型和最常用的选项，又包含了快速网格的模型类型。

在弹出的面板中选择一个参数化网格模型可立刻替换当前模型，如果不想被替换，可以在子工具面板中先复制（按 Ctrl+Shift+D 组合键）当前模型，然后再进行选择，如图 4.65 所示。

选择后，参数化网格模型可以在视图中通过调节模型上的多个圆锥体操作器来改变形体。将光标悬停在一个圆锥体上可以查

看它的功能描述，然后单击并拖动圆锥的"圆形区域"来改变模型，如图 4.66 所示。

每个参数化网格模型都有自己独特的参数，以参数化圆柱为例，用户可以拖拉 3 个圆锥体操作器来改变模型在水平和垂直方向的多边形密度，也可以改变内径厚度，如图 4.67 所示。V 是垂直方向的网格密度，H 是水平方向的网格密度。

参数操作器只包含常用选项。如果需要的选项没有包含，如"对齐轴向"选项，可以使用 Gizmo 来实现这个效果。当然，必要时也可以使用 3D 工具里的参数化模型，它们包含了最完整的调节参数。

现在，我们对这部分功能已经有了一些理解。通常不需要太多的模型类型和参数，因此新版本增加了一个优化方案，让流程既简洁又方便，所以建议在第二种基础网格的制作方式里使用这个新增的参数化网格功能，这足以满足大部

图 4.65

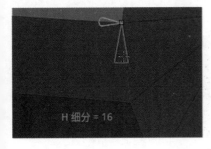

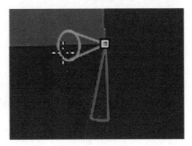

图 4.66

分的制作需求。

了解制作基础模型的方法之后，接下来就可以进入多边形建模流程的第二步——学习建模工具对模型进行加工。在这里要学习和掌握的工具是 ZModeler 笔刷。

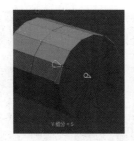  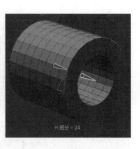

图　4.67

4.3　ZModeler 笔刷

本节介绍多边形建模工具——ZModeler 笔刷，4.4 节会使用这个工具制作一个简单的模型，从而完成一个低多边形建模流程的学习。之所以介绍 ZModeler 笔刷，是因为从 R7 版本之后硬表面建模的主要方向转向了低多边形建模流程，因此 ZModeler 笔刷已成为必须掌握的工具。

4.3.1　使用流程和面板

4.1 节已经简要介绍了 ZModeler 笔刷的特点和设计理念。本节将侧重讲解 ZModeler 笔刷的使用方法。

ZModeler 是一个新的笔刷，它包含一套完整的多边形建模工具。其中有很多与其他 3D 软件相似的工具，当然也有一些独特的工具。例如，QMesh 工具就集挤出、焊接、挖空等多种操作于一身，属于一个智

能工具。

下面演示 ZModeler 笔刷的工作流程。选择一个多边形网格模型，然后单击笔刷图标，从弹出的笔刷调板中选择 ZModeler 笔刷，如图 4.68 所示。

选择 ZModeler 笔刷后，视图区的上方会出现一个目录列表，类似 4.2 节介绍的插入多重笔刷的目录列表，但是其中只有一个笔刷内容，如图 4.69 所示，因此这个区域是没有意义的，可以将它隐藏。单击"首选项"→"界面"→"IMM 查看器"，将"自动显示 / 隐藏"开关关闭，如图 4.70 所示。

注意：关闭后插入多重笔刷会受到影响，可以在使用插入多重笔刷时再开启它。

设置完毕后，继续学习 ZModeler 笔刷。这个笔刷默认包含 3 个命令，分别对应模型的点、边和面。更多的命令则位于 ZModeler 笔刷的弹出面板中。要进入这个面板需要把光标放在当前选择模型的上方，然后按空格键或是右击，如图 4.71 和图 4.72

图　4.68

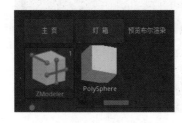

图　4.69

图　4.70

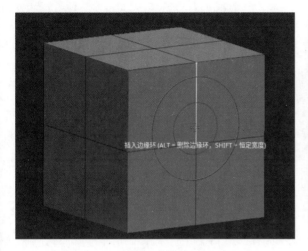

图 4.71

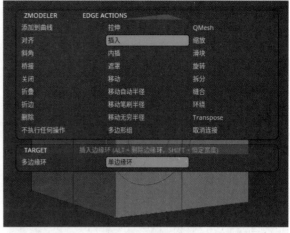

图 4.72

所示。

在模型的点、边和面上按空格键或右击，如图 4.71 所示。

在"边"上按空格键弹出"边"命令面板，如图 4.72 所示。

注意：在点、边和面上按空格键或右击弹出的面板是不同的，这是因为点、边和面的工具命令是不一样的，如图 4.73 所示。3 个不同的面板内容展示：左边是面，中间是边，右边是点。

可以看到这 3 个面板的长度是不同的。默认地，ZModeler 笔刷面板由 4 部分组成，但不是所有工具都有 4 部分，而且有些工具的面板只有在选择了特殊选项时才会出现。

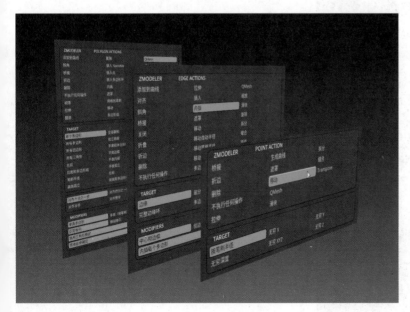

图 4.73

注意：如果光标位于视图的空白区域，或者不位于当前选择的模型上时，按空格键或右击并不会弹出 ZModeler 笔刷面板，只会弹出右键菜单面板。

为了更好地讲解面板的构成，将以 QMesh 工具为例进行介绍，如图 4.74 所示。这 4 个部分从上到下依次是命令动作、目标对象、选项和修改器。

❶ 命令动作（Action）：这个区域包含可以选择的各种建模命令。选择不同的命令，下面的面板内容也会随之变化。

❷ 目标对象（Target）：建模命令的执行范围。这个区域包含了很多预设的范围类型，如可以应用给一个面（多边形）或是所有面，还可以是多边形组等。

❸ 选项（Options）：修改这个区域的参数可以改变命令的操作方式。注意，并不是所

有的"命令动作"或"目标对象"都包含选项区域。

④ 修改器（Modifiers）：这个区域的参数可

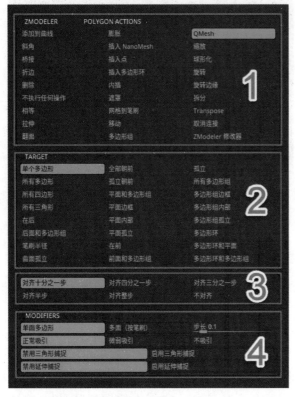

图　4.74

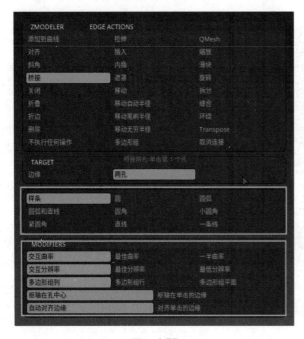

图　4.75

以改变操作时的交互方式。注意，并不是所有的"命令动作"或"目标对象"都包含修改器区域。

注意：选项和修改器是很相似的。软件把它们区分开是为了让操作更容易理解。

例如，"桥接"命令就包含不同的预设选项，可以用于生成圆弧、直线或圆角的桥接效果，如图 4.75 所示。同时它还包含了其他的选项，使用时容易造成混淆，所以将这些选项添加到修改器中加以区分，这样在使用时就更为方便。

注意：由于面和边的面板内容过多，为了节省版面，在后续章节会对图片内容进行截选，所以面板截图的内容会比原面板的内容少一些。

4.3.2　ZModeler 笔刷的常用命令和目标

ZModeler 有很多命令，但常用的命令并不是很多，因此为了更快地理解和掌握这些功能，将集中介绍常用的点、边、面功能，然后演示它们的应用效果。

（1）点的常用命令有桥接（Bridge）、缝合（Stitch）、拆分（Split）、移动（Move）、滑动（Slide）和 Transpose（转置），如图 4.76 所示。选择一个简单的模型，在模型上应用这些命令并观察效果。

注意：命令默认也包含了目标设置，并且在介绍时也将为命令设置最常用的目标类型。

❶ 桥接（Bridge）：在模型的点上按空格键切换到"桥接"，目标选择为"两点"，然后在模型上单击一点，再单击同一个面的另一个点完成桥接。这个效果类似于其他 3D 软件里的连接（Connect）命令，如图 4.77 所示。

❷ 缝合（Stitch）：在模型的点上按空格键切换到"缝合"，目标设置为"两点"，如图 4.78 所示。

在模型上单击一点，然后单击同一个面的另一点完成缝合。这个效果类似于其他 3D 软件里的焊接点命令，如图 4.79 所示。

❸ 拆分（Split）：在模型的点上按空格键切换到"拆分"，

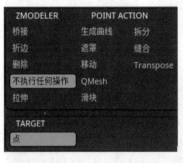

图 4.76

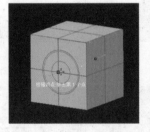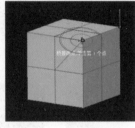

图 4.77

图 4.78

目标设置为"点"，如图 4.80 所示。

在模型上单击一点并拖动生成拆分，效果如图 4.81 所示。

❹ 移动（Move）：在模型的点上按空格键切换到"移动"，目标设置为"无穷 XYZ"，然后在模型上单击一点并拖动得到移动效果，如图 4.82 所示。

可以看到移动点是基于视图平面进行操作的，所以在视图中并不能让点沿着正确的轴向产生移动效果。如果想让点沿着正确的轴向产生移动，必须将模型旋转到正交视角（正、立、侧）进行操作。

切换到正交视角移动点的位置，可以看到点沿着轴向移动而没有偏移，如图 4.83 所示。

❺ 滑动（Slide）：在模型的点上按空格键切换到"滑动"，目标设置为"无穷 XYZ"，如图 4.84 所示。注意，软件的翻译（滑块）不准确，在本书中都使用滑动替代。

在模型上单击一点并拖动以得到滑动效果，如图 4.85 所示。在两个方向上移动点，不

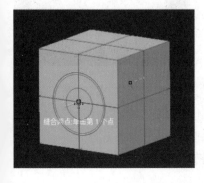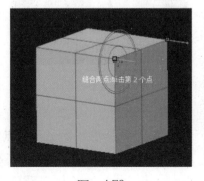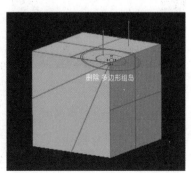

图 4.79

图 4.80

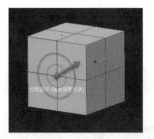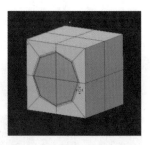

图 4.81

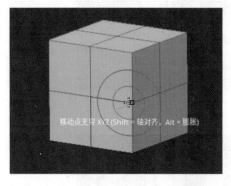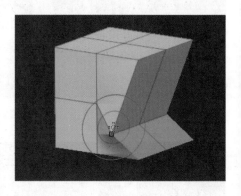

图 4.82

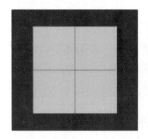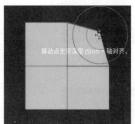

图 4.83

图 4.84

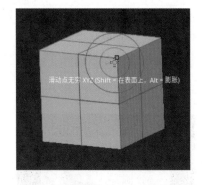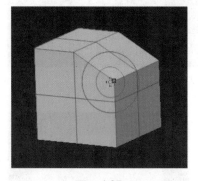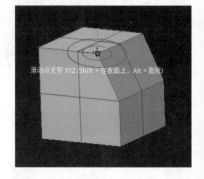

图 4.85

能超出原有多边形的范围。

对比移动点命令，通常作者更习惯使用滑动点，这是因为虽然滑动只能在一定范围内

移动点的位置，但多数情况下并不需要更大范围的移动，而且它具有轴向锁定功能，因此滑动点比移动点更加好用。

⑥ Transpose（转置）：在模型的点上按空格键切换到Transpose，目标设置为"完整边缘环"，如图 4.86 所示。

在模型上单击一点，可以看到模型上出现了Gizmo操作器。这是R8版本的一个小变化，因为变换（移动、旋转、缩放）模

式默认开启了Gizmo，所以虽然在ZModeler面板中使用了Transpose命令，但仍优先启用Gizmo操作器，如图4.87所示，模型上出现Gizmo说明当前处于变换模式而不是笔刷模式。

从图4.87中可以看到，Gizmo操作器的轴向不正确，所以需要重置Gizmo操作器的方向。按住Alt键在Gizmo操作器的顶部单击"刷新"按钮，此时操作器的轴向就恢复正常了，如图4.88所示。

单击Gizmo操作器的箭头（红、蓝、绿）并拖动，模型的点就会沿着轴向移动了，如图4.89所示。左图拖动绿箭头，右图拖动蓝箭头。操作完之后按Q键返回笔刷模式。

可以看到，使用Transpose/Gizmo调整模型顶点的操作步骤是比较多的，所以通常会优先选择滑动点命令，如果调整操作超出了滑动点范围，可切换移动点命令在正交视角进行操作，如果这两个命令都不能满足需求，才使用Transpose命令。

（2）边的常用命令有插入（Insert）、斜角（Bevel）、缩放（Scale）、折边（Crease）、对齐（Align）、桥接（Bridge）、关闭（Close）、删除（Delete）和移动无穷半径（Move Infinite Radius），如图4.90所示。下面就选择一个简单的模型，在模型上应用这些命令观看效果。

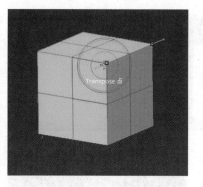

图 4.86

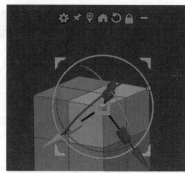

图 4.87

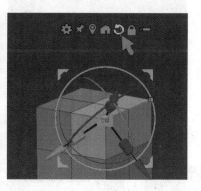
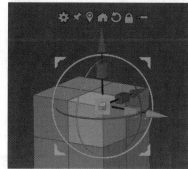

图 4.88

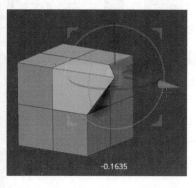
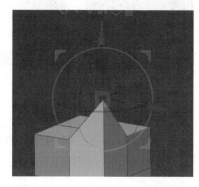

图 4.89

❶ 插入（Insert）：在模型的边上按空格键切换到"插入"，目标选择为"单边缘环"，然后在模型的边上单击，完成插入一条循环边的操作。这个效果类似于其他 3D 软件里的循环切割（Edge Loop）命令，如图 4.91 所示。

如果在模型的边上单击之后继续拖动，生成的循环边也将随之移动。当松开鼠标时会在光标位置插入一条循环边，如图 4.92 所示。

接下来将目标选择为"多边缘环"，然后在模型的边上单击，此时将在这条线的中间位置插入一条循环边，如图 4.93 所示。

如果单击后上下拖动，会随着拖动生成更多的循环边，如图 4.94 所示。

注意：当光标向中线位置拖动时，循环边的数量会逐渐减少，最终只留下一条循环边。

❷ 斜角（Bevel）：在模型的边上按空格键切换到"斜角"，目标选择为"完整边缘环"，然后在模型的边上单击并拖拉产生斜角效果，如图 4.95 所示。

❸ 缩放（Scale）：在模型的边上按空格键切换到"缩放"，目标选择为"完整边缘环"，然后在模型的边上单击并拖拉产生缩放效果，如图 4.96 所示。

❹ 折边（Crease）：在模型的边上按空格键切换到"折

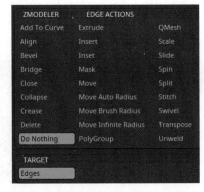

图 4.90

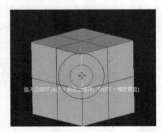

图 4.91

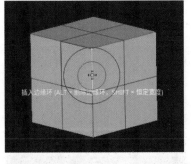
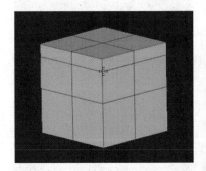

图 4.92

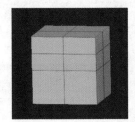

图 4.93

边"，目标选择为"完整边缘环"。由于折边可以改变模型在应用平滑显示后的效果，所以先按 D 键将模型开启平滑显示，观察当前模型的效果，如图 4.97 所示。可以看到，模型上所有的边都变得圆滑了。

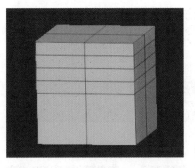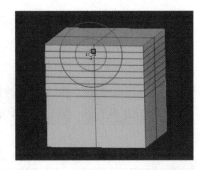

图 4.94

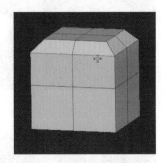

图 4.95

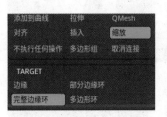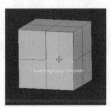

图 4.96

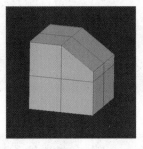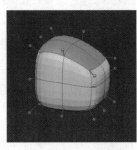

图 4.97

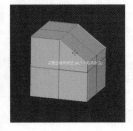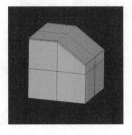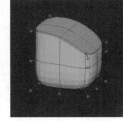

图 4.98

按 Shift+D 组合键将模型退出平滑显示状态,然后在模型上单击一条边来应用折边,再按 D 键为模型应用平滑显示。观察一下折边的效果,现在可以看到应用折边的边(循环边缘)都变得锐利了——没有被圆滑,如图 4.98 所示。

继续应用几条边,然后开启平滑显示看一下效果。可以看到,模型的边缘都变硬了,就像没开启平滑显示一样,如图 4.99 所示。"折边"命令在制作硬表面模型时很常用,应用折边的边缘两侧都增加了一条虚线,表明它已经应用了折边。

提示:按住 Alt 键单击折边将取消这个循环边缘的折边效果。

⑤ 对齐(Align):在模型的边上按空格键切换到"对齐",目标选择为"边缘条带"。为了方便演示效果,开启了 X 轴对称,然后在模型上单击一条边,再单击另一条边,两条边之间的线条将调整为两条边直线连接的位置,效果如图 4.100 和图 4.101 所示。

⑥ 桥接(Bridge):在模型的边上按空格键切换到"桥接",目标选择为"边缘",然后在模型上单击一条边,再单击另一条边,此时在两条线之间将生成一个新的面,之前的空洞将被补好,如图 4.102 所示。

如果目标选择为"两孔",

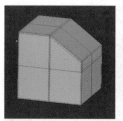

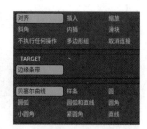

接下来在带有两个孔洞的模型上单击一个孔洞的一条边，再单击另一个孔洞的一条边，此时不要松开鼠标继续拖拉，左右拖拉可以设置桥接部分的高度，越向右侧拖动会越高；上下拖拉可以设置桥接部分的分段数，如图 4.103 和图 4.104 所示。

图　4.99　　　　　　　　图　4.100

❼ 关闭（Close）：在模型的边上按空格键切换到"关闭"，目标选择为"凹孔"，然后在模型上单击一条边，模型上的孔洞将使用随机三角面填充（补洞），效果如图 4.105 所示。

图　4.101

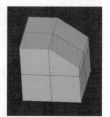

接下来将目标选择为"凸孔"，然后在模型上单击一条边，模型的孔洞将使用规则的三角面填充，效果如图 4.106 所示。

❽ 删除（Delete）：在模型的边上按空格键切换到"删除"，目标选择为"边缘"。因为 ZBrush 不支持 Ngon（超过四边的多边形），所以"删除"命令只能删除三角形的边。在模型上单击一条边将删除这条边，这将把两个三角形变为一个四边形，效果如图 4.107 所示。

图　4.102

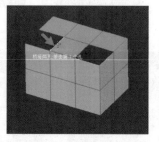

如果删除边时发现删不掉，说明对这条边操作会生成 Ngon。如果一定要删除可以先删除面，然后再用"桥接"命令补全，如图 4.108 所示。

图　4.103

❾ 移动无穷半径（Move Infinite Radius）：在模型的边上按空格键切换到"移动无穷半径"，目标选择为"完整边缘环"。

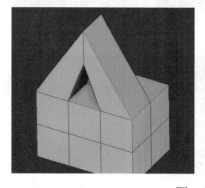

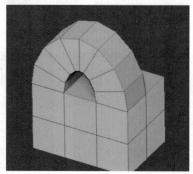

图　4.104

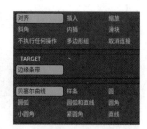

图　4.98

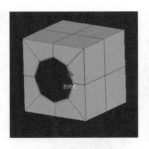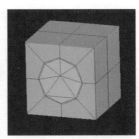

图　4.105

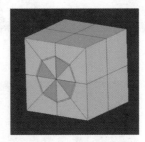

图　4.106

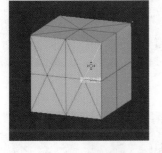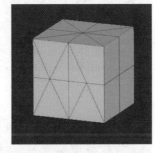

图　4.107

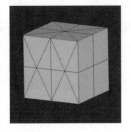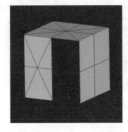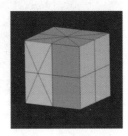

图　4.108

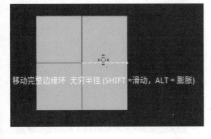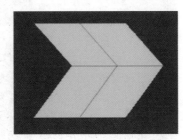

图　4.109

切换到正交视角，单击模型上的边然后拖动，效果如图 4.109 所示。这个命令比较适合调整模型顶、底之间的循环线。

如果模型具有中线，那么不要将"移动无穷半径"命令用于移动模型顶面或底面的边，因为在使用这个命令时中线的点都不会产生移动，只有边缘环线才会产生移动，效果如图 4.110 所示。

（3）面（多边形）常用的命令有桥接（Bridge）、删除（Delete）、翻面（Flip Faces）、内插（Inset）、多边形组（PolyGroup）、QMesh、缩放（Scale）和 Transpose（转置），如图 4.111 所示。选择一个简单的模型，在模型上应用这些命令，观察一下效果。

❶ 桥接（Bridge）：在模型的面上按空格键切换到"桥接"，目标选择为"相连多边形"，然后在模型的面上滑动，此时可以看到面上会有一些标识。红色边框表示光标位于这个面上，帮助我们判断将要操作的位置；红色线指示了模型上当前选择面的法线方向；橙色线指示了"桥接"命令的执行方向，如图 4.112 所示。

鼠标光标在面上滑动时可以看到橙色线不断地发生变化。在确定要产生桥接的方向后，单击一个面后拖拉将产生桥接效果，左右拖拉产生起伏高度，上下拖拉可以控制桥接

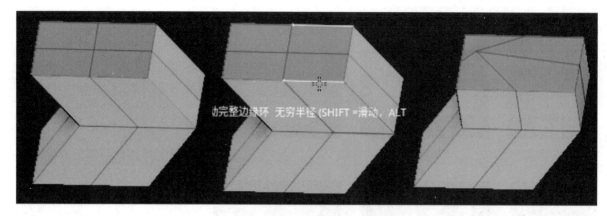

图 4.110

的分段数，如图4.113所示。

将目标选择为"两个多边形"，然后在模型上单击一个面，旋转视角单击另一个面，此时将产生桥接效果，如图4.114所示。

❷ 删除（Delete）：在模型的面上按空格键切换到"删除"，目标选择为"多边形组孤立"，然后在模型的面上单击产生删除效果，如图4.115所示。

提示：如果想删除一个面或几个面，可以按住Alt键单击模型上的面，此时可以看到这些面变成了白色，再次单击它们，这些面将被删除，如图4.116所示。

❸ 翻面（Flip Faces）：在模型的面上按空格键切换到"翻面"，目标选择为"所有多边形"，然后在模型的面上单击产生翻面效果，如图4.117所示。

❹ 内插（Inset）：在模型的面上按空格键切换到"内插"，目标选择为"多边形组孤立"，然后在模型的面上单击拖动产

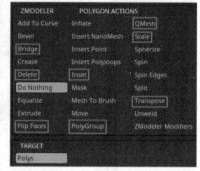

图 4.111

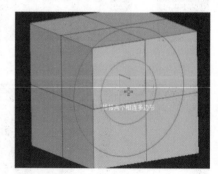

图 4.112

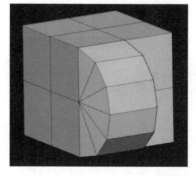

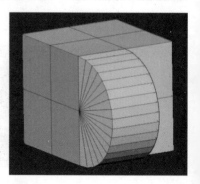

图 4.113

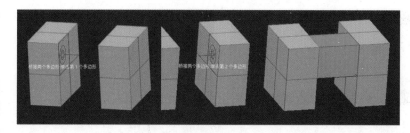

图 4.114

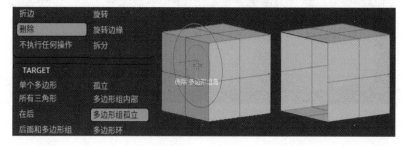

图 4.115

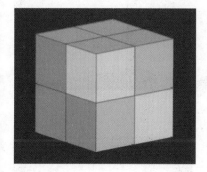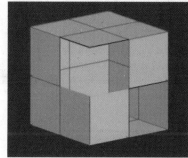

图 4.116

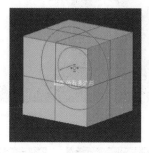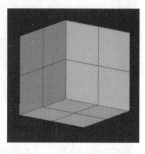

图 4.117

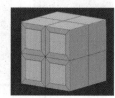

图 4.118

生内插效果，如图 4.118 所示。

将修改器设置为"内插区域"，然后在模型的面上单击产生内插效果，如图 4.119 所示。

⑤ 多边形组（PolyGroup）："多边形组"命令可以在模型上生成各种颜色组，这些目标可以用于其他的多边形命令。在模型的面上按空格键切换到"多边形组"，目标选择为"多边形环"，如图 4.120 所示。

在模型的面上滑动，将光标按照面的朝向指示确定为横向。单击面将改变多边形环的颜色组效果。如果对颜色不满意，可以在不松开光标之前按 Alt 键，颜色组会随之改变。如果还想修改就继续按 Alt 键，直至满意为止，如图 4.121 所示。

接下来将目标选择为"多边形组孤立"，单击面来改变多边形组的颜色，如图 4.122 所示。

"多边形组"命令还可以拾取光标下组的颜色。单击模型后按 Shift 键，此时就拾取了颜色，接下来单击其他的面可以将颜色粘贴过去覆盖原有的组颜色，如图 4.123 所示。

⑥ QMesh：在模型的面上按空格键切换到 QMesh，目标选择为"多边形组孤立"，然后在模型的面上单击并拖拉即可产生面的挤出效果，如图 4.124 所示。

提示：如果想只针对一个或几个面多边形进行操作，可

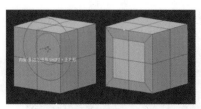

图 4.119

图 4.120

以按住 Alt 键单击模型上的面将它们变为白色，然后再次单击拖动一个面以产生面的挤出效果，如图 4.125 所示。

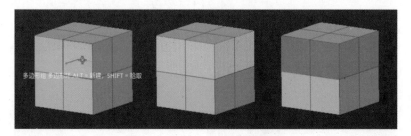

图 4.121

除了挤出功能外，QMesh 还有一些特殊的功能，比如在挤出时可以自动焊接点，还有挖空模型、克隆模型等，接下来分别演示一下这些功能的操作流程。

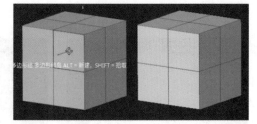

图 4.122

• 挤出并焊接功能。按住 Alt 键单击模型上的一个面，将它变为白色，然后再次单击并拖动它来产生面的挤出。可以看到随着拖动，面从倾斜逐渐变得垂直，效果如图 4.126 所示。

提示：如果使用"挤出"命令做同样的操作，挤出部分也会生成一个底面，而且和下面的面是没有关联的，并不会像 QMesh 那样将重合的面删除，并将点自动焊接。

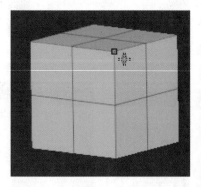

图 4.123

• 删除模型体积功能。按住 Alt 键单击一个面，将它变为白色，然后再次单击并向内推动它，此时可以看到这个立方体的体积被删除了。继续单击并向内推动它，剩下立方体的体积也被删除了，如图 4.127 所示。

图 4.124

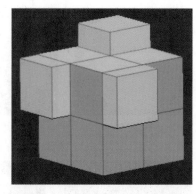

将挤压效果改为复制面功能。单击并拖拉模型上的一个面来产生挤出效果，此时不要松开鼠标，按住 Ctrl 键，挤出部分将变成一个面片。如果继续拖拉鼠标可以改变面片的位置。松开鼠标将完成面片的创建，效果如图 4.128 所示。

图 4.125

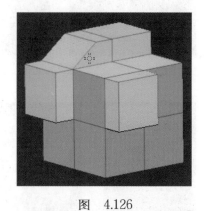

图 4.126

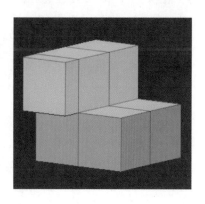

图 4.127

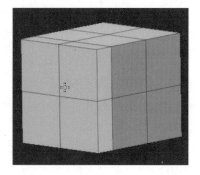

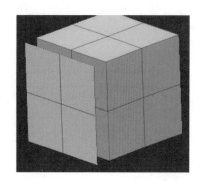

图 4.128

• 挤出转为移动功能。单击并拖拉模型上的一个面来产生挤出效果，此时不要松开鼠标，按住 Shift 键，挤出部分将变成原模型的移动效果。如果继续拖拉鼠标可以改变模型的移动位置。松开鼠标则完成移动操作，效果如图 4.129 所示。

⑦ 缩放（Scale）：在模型的面上按空格键切换到"缩放"，目标选择为"所有多边形"，然后在模型的面上单击并拖拉产生缩放效果，如图 4.130 所示。

⑧ Transpose（转置）：在模型的面上按空格键切换到 Transpose，目标选择为"多边形组孤立"，然后在模型上单击一个面，此时可以看到除了这个颜色组外，其他区域都应用了遮罩，并且模型上也出现了 Gizmo 操作器，如图 4.131 所示。

提示：同样，如果想只针对一个或几个面多边形进行操作，可以按住 Alt 键单击模型上的面，将它们变为白色，然后再次单击它们，这些面将应用遮罩。

至此，本节已经介绍了点、边和面的常用命令和目标，接下来学习制作几个案例，进一步熟悉硬表面模型的制作流程和工具。

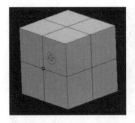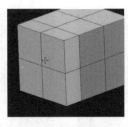

图 4.129

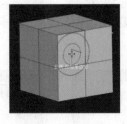

图 4.130

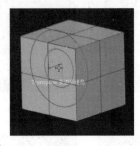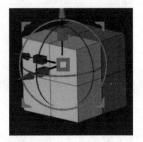

图 4.131

4.4 使用 ZModeler 笔刷制作模型

本节将学习使用 ZModeler 笔刷制作模型的流程。首先从简单的造型开始，如制作一个啤酒杯模型。在制作模型之前需要为模型设置参考图。在 ZBrush 中有 3 种设置参考图的方式，在这里使用第一种——地平面网格附带的参考图功能。

当前已经预先制作了一个参考图文件。按","键将灯箱展开，单击网格切换到这个标签页面，可以看到有一个"图书案例参考图"文件夹，如图 4.132 所示。

双击将其打开，再次双击其中的文件，将它载入视图中，如图 4.133 所示。

由于视图中没有模型，所以参考图没有显示出来。在工具面板中选择一个六角星，如图 4.134 所示。

在视图中拖拉出来，按 T 键进入编辑模式，现在就可以看到参考图了，这是一个多视角的参考图。接下来对照参考图制作模型，如图 4.135 所示。

从参考图可以看到啤酒杯是一个圆柱体的造型，可以使用参数化物体，或者使用 Gizmo 的参数化网格工具来制作啤酒杯的基础模型。这里选择第二种方式。

为了避免视觉干扰，在设置基础模型时先把参考图临时关闭（按 Shift+P 组合键），然后选择一个白色材质，如图 4.136 所示。

按 W 键，启动 Gizmo 操作器。单击操作器上的齿轮进入设置面板，从中选择一个圆柱体。此时可以看到视图中的六角星模型已经变成了圆柱体，如图 4.137 所示。

按 Shift+F 组合键开启模型的线框显示。单击圆柱体上的圆锥操作器（红色），拖动它改变圆柱体的分段数。通过模型下方的信息提示，将水平分段数设置为 14，然后拖动圆锥操作器（绿色），将垂直分段数设置为 3，如图 4.138 所示。

再次单击齿轮，从弹出的面板中单击"3D 变形器"（Gizmo），将调整效果固定下来，如图 4.139 所示。

按 Shift+P 组合键再次开启参考图。在视图中旋转模型视

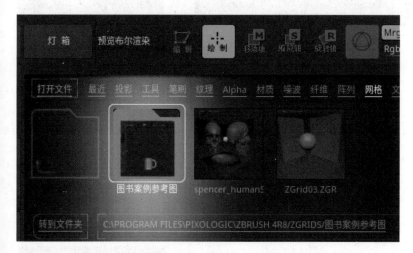

图 4.132

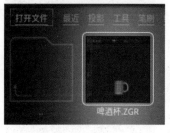

图 4.133

图 4.134

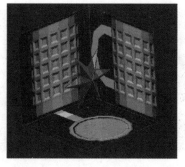

图 4.135

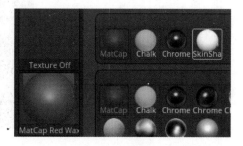

图 4.136

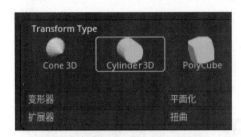
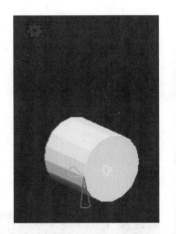

图 4.137

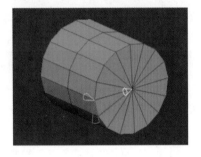
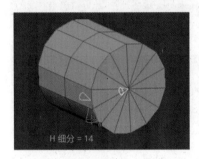
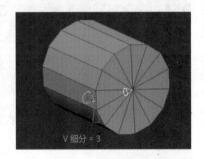

图 4.138

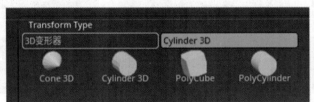

图 4.139

角，过程中按住 Shift 键将模型锁定到侧视角（正交）。

接下来对照参考图使用 Gizmo 操作器调整模型。先设置正确的轴向，拖拉旋转操作器（白色），当旋转接近 90° 时按住 Shift 键拖拉可以将旋转锁定为 90°，效果如图 4.140

图 4.140

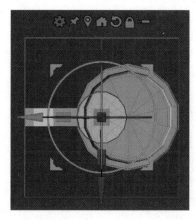
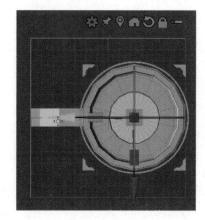

图 4.141

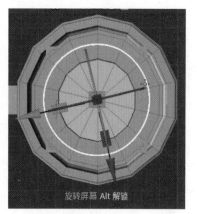

图 4.142

所示。

旋转视角到顶面。对照参考图拖拉移动操作器（绿色）调整模型位置，效果如图 4.141 所示。

按住 Shift 键拖拉旋转操作器（白色），让模型与参考图匹配，效果如图 4.142 所示。

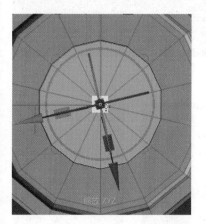
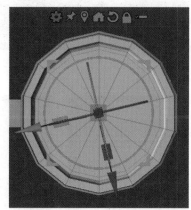

图 4.143

接下来在视图中按住 Ctrl 键，然后向右拖动，放大视图中的模型显示尺度，便于对照参考图精细调整模型。单击拖动操作器中心（黄色方块），将模型比例整体放大，效果如图 4.143 所示。

旋转视角到侧面，单击拖动操作器的蓝色缩放按钮，将模型在 Y 轴方向放大，直至和背景参考图匹配，如图 4.144 所示。

现在基础模型已经调整完成，按 Q 键退出 Gizmo 状态。接下来使用 ZModeler 笔刷对模型进行修改，以增加更多的结构和细节。

按 B 键，从弹出的面板中按 Z 键筛选出首字母为 Z 的笔刷。第一个就是 ZModeler 笔刷，单击将它选中，如图4.145 所示。

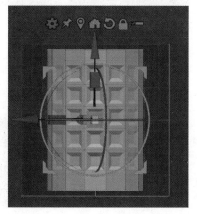

图 4.144

图 4.145

旋转视角到侧面，使用默认的边命令（插入）在边上单击以增加更多的分段，如图4.146所示，右图是关闭子参考图，模型上增加分段的效果。

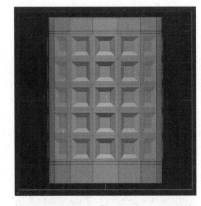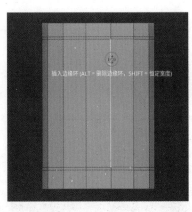

图　4.146

在边上按空格键，从弹出的面板中将目标（Target）设置为"多边缘环"，将修改器（Modifier）设置为"相同多边形组"，这样由边缘环生成的多边形组都会保持为一种颜色。松开空格键将面板关闭，如图4.147所示。

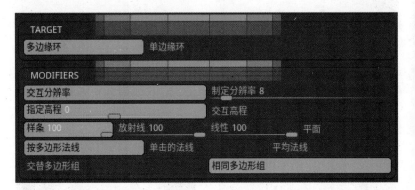

图　4.147

在边上单击并向下拖拉，对照参考图生成相同数量的分段。如果感觉颜色组太接近不便于区分，可以在拖拉时按Alt键来改变多边形组的颜色，如图4.148所示。

当前的参考图设置不利于观察模型的边缘效果，在制作凹陷结构时影响较大，所以需要调整一下。将参考图的填充模式设置为2，此时能清晰地看到侧面的结构，如图4.149所示。

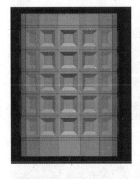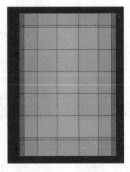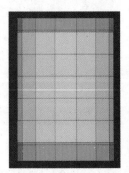

图　4.148

在面上按空格键，笔刷默认的面命令是QMesh，从弹出的面板中将目标设置为"多边形组孤立"后松开空格键。在面上单击拖动，拖拉出新的结构，如图4.150所示。

接下来制作凹陷的结构。在面上按空格键，从弹出的面板中选择"内插"命令，将目标设置为"多边形组孤立"。松开空格键，在面上单击拖动来

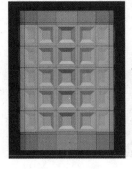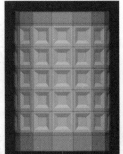

图　4.149

生成新的结构,如图 4.151 所示。

在面上按空格键,从弹出的面板中将目标设置为"所有多边形组"。松开空格键,在面上单击并拖动生成新的结构,如图 4.152 所示。

在面上按空格键,从弹出的面板中选择 QMesh 命令,将目标设置为"所有多边形组"后松开空格键,在面上单击并向内推。推出一段距离后按 Shift 键,此时面的挤出将变成移动效果。鼠标来回移动确定移动的位置。完成后松开鼠标,效果如图 4.153 和图 4.154 所示。

侧面结构完成后,旋转视角到顶面来处理顶面的结构。在边上按空格键,从弹出的面板中将目标设置为"单边缘环"。松开空格键,在边上单击,对照参考图生成新的环线分段,如图 4.155 所示。

按住 Alt 键单击模型的中心区域,按住并画一个圈,将这部分的多边形变为白色。接下来在面上单击并向下推拉以生成内部结构。由于从顶面不容易判断推拉的深度,所以简单推一下就可以了,后面的步骤可以从侧面进行修正,如图 4.156 所示。

旋转到底面,使用相同的方法制作底面的结构,如图 4.157 所示。

接下来修正内部结构。在面上按空格键,从弹出的面板

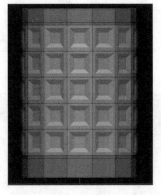
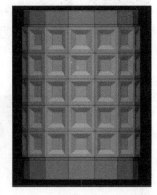

图 4.150

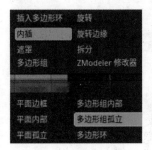
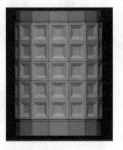

图 4.151

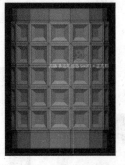
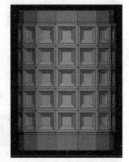

图 4.152

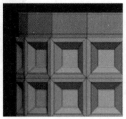

图 4.153

图 4.154

中选择"翻面"，将目标设置为"所有多边形"后松开空格键。关闭参考图，在面上单击将模型翻转，现在就可以看到内部结构了，如图4.158所示。

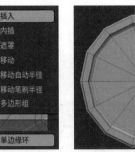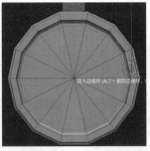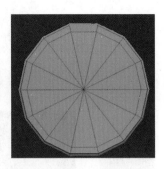

图　4.155

在面上按空格键，从弹出的面板中选择Transpose，将目标设置为"多边形组孤立"后松开空格键。旋转模型后在面上单击，此时除了这个颜色组，其他区域都将应用遮罩，如图4.159所示。

此时模型上出现Gizmo操作器。按住Alt键单击操作器的"刷新"按钮重新设置操作器的轴向，然后对照参考图拖拉绿色箭头调整这个颜色组的位置，如图4.160所示。

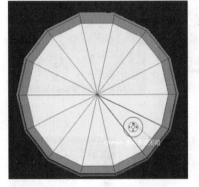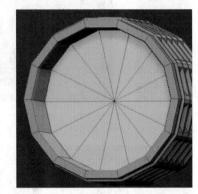

图　4.156

按Q键退出Gizmo模式，使用相同的方法调整底面结构的位置。完成后按住Ctrl键用鼠标在视图空白处拖拉，清除模型上的遮罩，如图4.161所示。

按Q键退出Gizmo模式，接下来对内部结构的边缘制作倒角效果。这是一个圆滑的倒角，处理起来有一些技巧。在边上按空格键，从弹出的面板中选择"斜角"命令后松开空格键，在边上单击并拖拉，设置斜角的宽度，如图4.162所示。

在边上按空格键，从弹出的面板中选择"插入"，将目标设置为"多边缘环"，将修改器设置为"交互高程"（度）后松开空格键。在边上单击并向右拖动设置高度，上下拖动设置

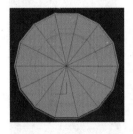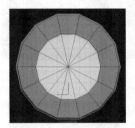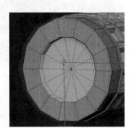

图　4.157

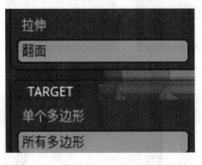

图　4.158

连接区域的分段数，可以看到现在已经生成了圆滑的倒角效果，如图4.163所示。

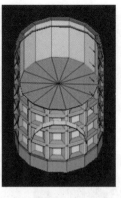

图 4.159

图 4.160

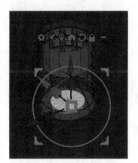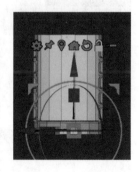

图 4.161

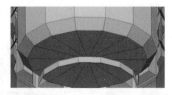

图 4.162

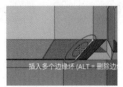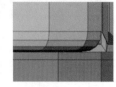

图 4.163

完成后在面上单击将模型翻转，如图 4.164 所示。

现在已经完成模型的主体部分，接下来制作啤酒杯的把手。

旋转到把手的参考图视角，按住 Alt 键单击模型的把手区域，把它们变成白色颜色组。然后在面上按空格键，从弹出的面板中选择"删除"。松开空格键，单击模型的白色部分将其删除，如图 4.165 所示。

接下来使用桥接生成把手的结构。在边上按空格键，从弹出的面板中选择"桥接"，将目标设置为"圆弧和直线"。松开空格键，分别单击这两个空洞的边，将产生紧贴模型表面的连接面，此时向右拖动设置桥接结构的高度，上下拖动设置桥接结构的分段数，如图 4.166 所示。

现在有了一个基本的把手效果，接下来打开参考图，对照做些调整。在点上按空格键，从弹出的面板中选择"移动"，将目标设置为"无穷深度"。松开空格键，从把手侧面拖动点的位置，如图 4.167 所示。

把手和杯子交界处的点也需要调整，可以使用滑动点功能进行处理。在点上按空格键，从弹出的面板中选择"滑动"，将目标设置为"无穷 XYZ"后松开空格键，如图 4.168 所示。

旋转模型视角，将光标滑动到要调节的点的位置，可以看到笔刷尺寸比较大，这样在

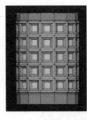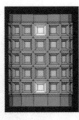

图 4.164

图 4.165

图 4.166

图 4.167

调整时会影响到周围的点，需要将笔刷尺寸设置得小些。在视图上按 S 键，向左拖拉滑块，设置为 11，如图 4.169 所示。

先调整上面把手的点，注意在调整时要让模型显示得大些，然后向上滑动点的位置，如图 4.170 所示。

使用相同的方法处理下面把手的点，如图 4.171 所示。

注意：在使用滑动点时操作的角度对效果影响较大，尽量不要在正对的角度操作，要在半侧角度才能得到正确的结果，而且它的操作默认是对称的，所以可以对称调节两边的点，如图 4.172 所示。

现在模型已经接近完成，关闭参考图，按 D 键激活动态细分功能，为模型应用光滑预览效果。可以看到模型变得平滑了，但是模型的边缘也被平滑（软化）了，这不是想要的效果，所以需要对边缘做一下处理，如图 4.173 所示。

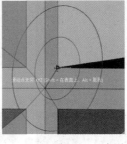

图 4.168

图 4.169

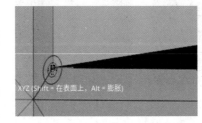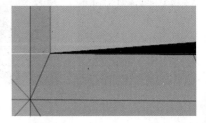

图 4.170

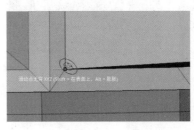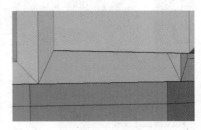

图 4.171

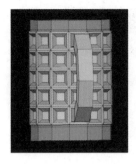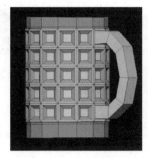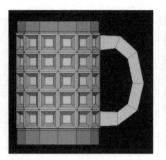

图 4.172　　　　　　　　　　　　　图 4.173

按 Shift+D 组合键退出光滑预览。在边上按空格键，从弹出的面板中选择"插入"，将目标设置为"单边缘环"后松开空格键。

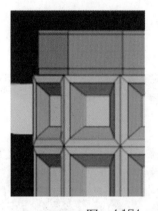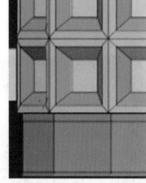

图 4.174

在边上单击生成新的分段，如图 4.174 所示。

在其他区域也做相应的处理，如图 4.175 所示。

关闭线框显示，按 D 键为模型应用光滑预览，效果如图 4.176 所示。

默认的平滑细分数值不高，所以模型还是不够光滑。可以提高平滑数值，展开"工具"→"几何"→"动态细分"子调板，将"平滑细分"设置为"4"，可以看到模型变得非常平滑了，如图 4.177 所示。

至此就完成了第一个模型，接下来将它保存。按 Ctrl+S 组合键，从弹出的面板中设置名称和保存路径，单击"保存"按钮，如图 4.178 所示。

通过制作这个杯子模型，对 ZModeler 的使用流程已经

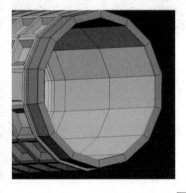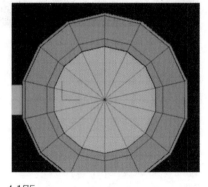

图 4.175

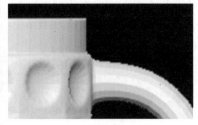

图 4.176　　　　　　　　　　　　　图 4.177

有了初步的了解，下节将对ZModeler笔刷的使用做小结。

4.5　ZModeler 笔刷使用小结

从前面的学习中我们可以感受到 ZModeler 笔刷的使用流程并不复杂——可以从面板中选择命令，然后确认应用的目标对象。如果需要修改选项和修改器，可以在开启面板时进行设置。设置完毕后，在目标范围应用效果。具体操作根据选择的工具稍有差异：有的需要直接单击；有的需要单击拖动；还有的需要单击两次。

与其他 3D 建模软件相比，ZModeler 在设计理念上有一些差异。例如，其他软件需要在模型上先选择应用的对象（点、边、面），然后选择命令工具再应用效果，如图 4.179 所示。左图为原模型，中图为选择了一些面元素，右图为执行"挤出"命令。

而 ZModeler 笔刷默认包含一套智能的目标对象——从"单个多边形"到"多边形组"，或者是更特殊的目标对象。这些预设可以让我们在操作时节省大量选择应用目标对象的时间。当然在使用过程中切换不同目标对象也需要消耗一点时间。

因此，在使用 ZModeler 笔

图　4.178

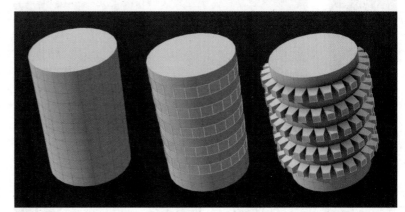

图　4.179

刷时通常只需选择命令，然后直接在模型上执行效果。这是一个非常新颖的建模思路，虽然不能说完美，但在大多数情况下这个思路的操作效率是非常高的。如果感觉切换工具有些浪费时间，还可以把 ZModeler 笔刷克隆多个，然后分别对它们设置命令、目标对象以及选项和修改器，之后对它们设置快捷键，这样，在使用时就可以用热键快速切换笔刷，从而省略设置过程，大幅提高制作效率。最后将它们保存就可以重复使用了，如图 4.180 所示。图中克隆了多个 ZModeler 笔刷，修改设置后用不同的名称保存。

对于这些克隆笔刷，除了简单的初步设置外，还可以更深入地进行规划。例如，可以基于使用流程来合理地设计点、边和面的命令以及其他设置，让它们组成更有效率的流程。由于一个笔刷可以包含 3 个命令（点、边和面），所以笔刷的热键数量也会比较少，这方便用户记忆和使用。

图 4.180

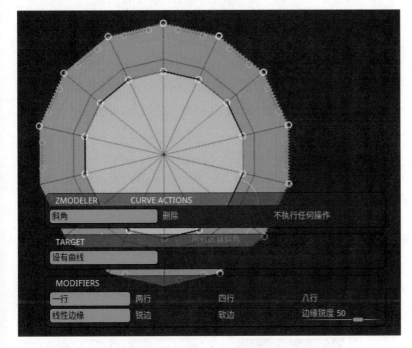

图 4.181

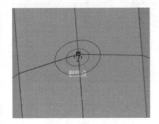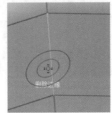

图 4.182

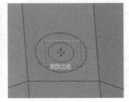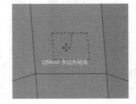

图 4.183

多数情况下，ZModeler 笔刷的使用效率要比其他软件更高。当然由于它还是一个新工具，还存在一些不足，所以希望 ZBrush 在未来的版本中会进一步完善这个工具。

下面是一些 ZModeler 笔刷的使用提示。

❶ ZModeler 是一个笔刷而不是一种特殊状态，这使用户可以方便地在它和其他雕刻画笔之间切换。例如，在按 Shift 键时可以切换到平滑笔刷，而松开 Shift 键又会切换回 ZModeler 笔刷。

❷ 除了常用的点、边和面命令外，如果模型上应用了曲线，在曲线上按空格键也将弹出一个内容不同的浮动面板，如图 4.181 所示。模型上的虚线和白圈就是 ZBrush 的曲线工具。

❸ 选择 ZModeler 笔刷后，模型的显示就变得更具交互性。例如，当鼠标光标位于元素时，元素会自动高亮显示，便于用户确认执行命令的对象，如图 4.182 所示。激活的点为红色，边为白色，面为红色的边框。

此外，当光标滑动到模型内部时会看到虚线显示的背面元素。这时不要单击这些位置；否则会将命令应用到背面元素，如图 4.183 所示。左图是模型全景，中图和右图是放大显示内部的面。这种虚线显示只会出现在带有厚度的模型内部，在外部操作则不会出现。

如果模型出现了空洞，默认软件没有开启双面显示，所以看到的就是深色的背景，这时在模型上滑动光标，显示都很正常，很容易执行桥接操作。但如果开启了双面显示，光标滑过的区域都会高亮显示，在做桥接操作时高亮显示会产生视觉干扰，所以虽然双面显示是个很有用的功能，但在空洞处操作时尽量不要开启或是小心操作，如图4.184所示。

④ 除了高亮显示，ZModeler笔刷还增加了一些操作提示和建模标识。例如，在选择命令后，当光标在元素上经过时会弹出操作的文字提示，如图4.185所示。

在执行某些命令时，模型的面上也有法线（红色）和动作朝向线（橙色）指示，它们可以帮助我们更好地确定应用效果的方向。例如，选择QMesh笔刷，目标设置为"多边形环"，基于不同的朝向（橙色线）提示，产生的效果如图4.186和图4.187所示。

这些文字提示加上命令动作的强大交互性，让ZModeler笔刷变得更易使用也更有效率。

⑤ 在点、边和面的众多命令中有些名称是相同的，操作行为也是类似的，但也有些名称相同而操作行为完全不同的命令，如边的桥接可以在两个开口处创建连接的面，而点的桥接则是在两个点之间建立连线，如图4.188所示。

⑥ ZModeler笔刷只支持三角形和四边形，不支持N边形（超过四边的面），所以当有些工具在使用后产生N边形时，ZBrush会自动创建额外的边将N边形分割成三角形和四边形。

⑦ 重做上一次操作是ZModeler笔刷的一项强大功能。通常在建模过程中会有些重复的操作，ZModeler笔刷可以存储最后一次操作的所有设置，几乎所有的命令动作都可以重做（"插入单边缘环"命令除外），并且点、边和面中会各自记录不同的重做设置，不会互相干扰。

因此，当应用一次操作之后就可以在模型其他部分单击鼠标，或是选择其他的目标快速复制上一次的应用效果。例如，在一个面上用QMesh产生挤出效果，在另一个面上单击会基于目标设置再次应用刚才的挤出高度，很显然这是个非常方便的功能，如

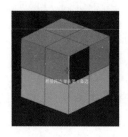

图 4.184

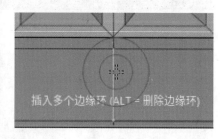

图 4.185

图 4.186

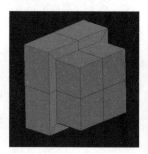

图 4.187

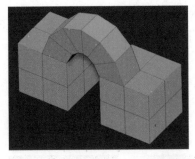
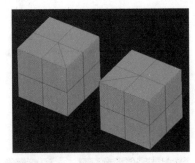

图 4.188

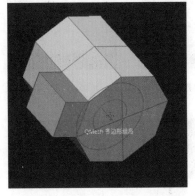
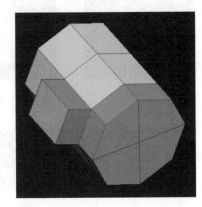

图 4.189

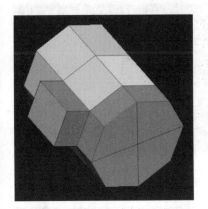
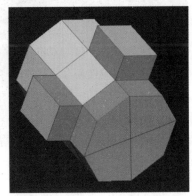

图 4.190

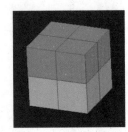

图 4.191

图 4.189 和图 4.190 所示。在蓝色组上单击，让整个颜色组生成与之前相同高度的挤出。

创建一个临时组，然后在这个面上单击，产生相同高度的挤出。

很显然，重做功能可以让模型上多个位置的结构保持一致性，并且可以根据需要应用中间状态，如 QMesh 的"半"挤出功能。

下面是操作演示。默认的，在白色组区域单击拖动创建一个挤出效果，然后设置目标为多边形组，在红色面上单击就可以创建相同高度的挤出效果，这是重做功能的基础应用，如图 4.191 所示。

如果在红色面上单击拖动，此时将激活"半"挤出功能。每拖动一段距离，挤出的右侧就会产生步阶式的挤出变化，直至拖到顶端锁定为与之前挤出相同的高度，如图 4.192 所示。

这个步阶效果由 QMesh 的选项所控制，如图 4.193 所示，默认为 1/10，也就是整个挤出距离被分为 10 个步阶，按照拖动距离逐渐递进产生挤出高度的变化。其他设置可以分四步、三步、两步来实现挤出效果；整步相当于直接单击，可以产生与之前挤出相同的高度。不对齐在默认设置状态和整步是一样的效果，只有将修改器设置为"多面"时才会有不同的变化。由于这个功能使用概率很低,在本节中就不介绍了。

❽ ZModeler 笔刷可以集中处理某类元素,避免对其他元素的误操作——在每个点、边和面的弹出面板都有一个"不执行任何操作"(Do Nothing)命令,激活它可以避免对该元素的操作,如图 4.194 所示。在打开面的"不执行任何操作"命令后,当鼠标单击到面上时不会有任何效果,而是会搜索到相邻被激活的边上,对边进行操作。如果将边的"不执行任何操作"命令也激活,那么就只有点元素的命令能够产生效果。

❾ ZModeler 笔刷不适用于面数太多的模型(如几十万面),并且它也不能用于有多重细分级别的模型(如带有细分级别的雕刻模型)。因此,为了能够在建模时看到细分效果,软件为 ZModeler 笔刷配备了一个全新的动态细分系统。

这个动态细分系统可以用来预览光滑效果,但并不是真正的细分模型,它类似于其他软件的细分代理功能。如果在激活动态细分时继续对模型进行建模操作,这个过程仍然是对低精度模型进行操作,但看到的是光滑后的高精度模型效果。

动态细分的用法很简单,只要对没有细分级别的模型按 D 键就可以进入光滑预览状态。

按 Shift+D 组合键将还原为低模状态。如果想要进一步调整光滑效果,可以修改在"工具"→"几何"→"动态细分"子调板下的参数。

动态细分模型支持折边效果,还可以对模型边缘整体应用斜角或是倒角的光滑效果,甚至还可以是不光滑的平面细分效果,图 4.195 至图 4.199 分别展示了这些效果。其中,左图为未光滑

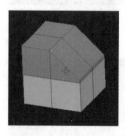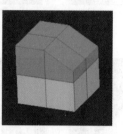

图　4.192

图　4.193

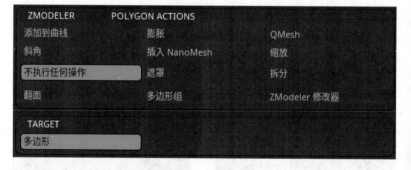

图　4.194

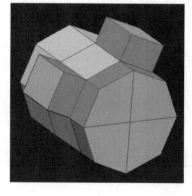

图　4.195

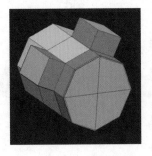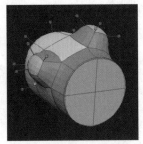

图　4.196　　　　　　　　　　　图　4.197

状态，右图开启动态细分，并应用了 2 级平滑细分。

对模型应用折边，开启动态细分，可以看到应用折边的边缘没有被平滑，如图 4.196 所示。右图的折边改变了边缘的平滑度。

对模型应用 2 级平滑细分（最常用），然后应用 2 级平面细分，效果如图 4.197 所示。左图很平滑，右图更接近原始的基础模型。

设置快速网格细分（QGrid）滑杆数值，然后对模型应用"斜角"，效果如图 4.198 所示。可见，快速网格细分数值越高，斜角边缘越锐利。

设置快速网格细分滑杆数值，然后对模型应用倒角，效果如图 4.199 所示。可见，快速网格细分数值越高，斜角边缘越锐利。

这些选项通常用于最终的模型显示，这样即使模型阶段没有对边缘单独处理，也能显

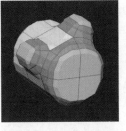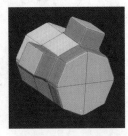
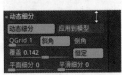

图　4.198

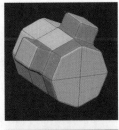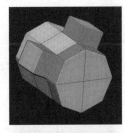

图　4.199

示整体倒角（斜角）的效果，方便用户观察。

以上是关于 ZModeler 笔刷的使用小结，下一章将学习制作更复杂的案例，掌握更多的流程和技巧。

硬表面基础案例

ZBrush

5.1 制作卡通汽车的基础模型

第 4 章介绍了 ZModeler 笔刷，并且通过一个小练习初步了解了它的使用流程。本章将制作一辆卡通汽车模型，进一步演示硬表面工具的使用流程和技巧。

要制作的模型如图 5.1 所示，首先分析一下制作思路。

可以看到，这个车体的造型比较方正，在车头部分的模型边缘有小尺度的倒角，有些模型部件（如轮胎的钢圈）包含特殊结构，可使用布尔运算功能制作这些部件，此外，车体还有很多重复的对象，如车厢的装饰灯、轮胎等，可以使用阵列功能完成。

综上所述，在这个案例中主要使用的工具有 ZModeler 笔刷、Gizmo（包括变形器）和阵列网格功能，还会用到插入笔刷和布尔运算等功能。

现在就来制作卡车的基础造型，首先从车体部分开始。

在工具列表中选择六角星模型。在视图中拖拉出模型，然后按 T 键进入编辑模式，如图 5.2 所示。

单击"工具"→"初始化"→ QCube 按钮将模型转换为一个立方体。立方体默认位于坐标原点（0，0，0），如图 5.3 所示。注意，默认的红蜡材质太暗了，也不利于观察，所以在制作模型时建议使用方便观察的材质，这里使用的是白色材质（SkinShaded），如图 5.4 所示。

接下来设置参考图，在这里仍然使用地平面网格的参考图功能。单击灯箱，从弹出的面板中单击"网格"标签。切换到这个页面之后选择"图书案例参考图"文件夹。双击将其打开，再次双击其中的文件（卡车 01.ZGR），将它载入视图中，如图 5.5 所示。

可以看到，视图中的模型中间出现了参考图，但它的尺度有些小，可以使用 Gizmo 操作器调整模型的比例。按 W 键进入 Gizmo 模式，参考背景图的尺度，单击操作器的黄色方块并拖动进行整体缩放模型。

图 5.1

卡车基础模型

图 5.2

完成后旋转视角到侧面，拖拉绿色方块在 *Y* 轴方向缩放模型与参考图匹配，如图 5.6 所示。

旋转到其他视角（如前视角），拖拉蓝色方块沿着 *Z* 轴缩放模型。注意，这是粗略的调整，此时可以看到模型顶部和参考图并没有完全匹配，所以需要进一步调整，如图 5.7 所示。

从前视角按住 Ctrl+Alt 组合键拖拉出白色矩形框反向遮罩模型的顶部区域，这样只能操作这个区域的顶点，然后向下拖拉绿色箭头调整模型的位置，如图 5.8 所示。

完成后按 Ctrl 键在视图空白区拖一下，清除模型上的遮罩。按 Q 键返回绘制模式。选择 ZModeler 笔刷，使用 ZModeler 笔刷的"插入（边）"命令，将目标设置为"单边缘环"，按住 Alt 键在模型上单击删除多余的环线，只保留前视角的中线。这个模型将作为汽车主体的基础模型，效果如图 5.9 所示。

按 Ctrl+Shift+D 组合键复制当前模型，开启孤立显示。使用刚才的方法，参考背景图分别调整出各个部件（如车头、车厢等）的基础模型。布线不够就使用"插入（边）"命令在模型上单击生成更多的环线，然后使用 Gizmo 操作器配合遮罩调整模型，基础模型效果如图 5.10 和图 5.11 所示。

图 5.3　　　　　　　　图 5.4

图 5.5

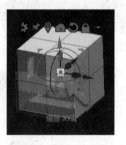

图 5.6

图 5.7

接下来处理车厢的造型。参考侧视图使用"滑动（点）"命令，目标设置为"无穷 XYZ"，拖动点与之对应，效果如图 5.12 所示。

按 X 键激活对称功能，将对称轴向设置为 *Z* 轴。完成后按住 Alt 键单击模型的一个面，将它变为白色的临时组，效果如图 5.13 所示。

在面上单击拖动，将这个区域的体积减掉，然后在另一区域按住 Alt 键单击模型的一个面后拖拉，将滑过区域变为白色的临时组，最后将这个区域的体积减掉，如图 5.14 所示。

使用相同的方法处理车头的造型，如图 5.15 所示。

使用"滑动（点）"命令，从侧面调整模型，然后切换到正面，对照参考图拖拉蓝色方块缩放模型，如图 5.16 所示。

现在完成的是车头的整体造型，由于车头模型的结构比较复杂，为了减小制作难度，将分别制作这些部分的基础模型。

图　5.8

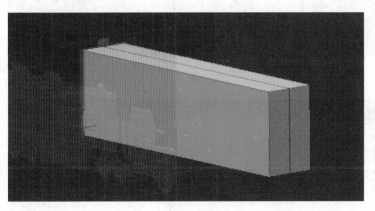

图　5.9

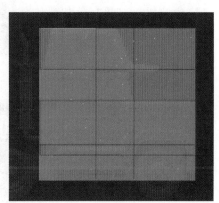

图　5.10

图　5.11

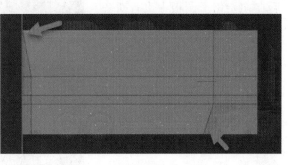

图　5.12

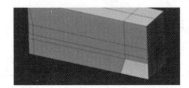

图　5.13

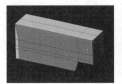

图　5.14

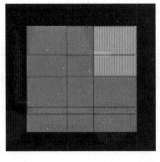

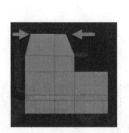

图　5.15

图　5.16

先复制几个车头模型,然后在模型上应用临时组,最后使用 QMesh 命令将不需要的部分挖掉,如图 5.17 和图 5.18 所示。

按照这个思路制作其他的部分,并适当做一些造型调整,如图 5.19 所示。

车头的基础造型就制作到这一阶段,接下来制作轮胎的基础模型。

对照参考图计算螺栓数量,可以得出需要一个 20 边的圆柱。从工具面板选择 Cyclinder3D(圆柱)模型,然后在初始化子调板中设置对齐到 Z 轴,再将水平细分数值设置为 20,垂直细分数值设置为 4,如图 5.20 所示。

单击工具调板的"生成 PolyMesh3D 工具"按钮,生成一个多边形网格模型。选择这个模型,单击"复制"按钮,将当前子工具复制到内存中,切换到之前的子工具模型,单击"粘贴"按钮,将复制的模型粘贴到子工具列表中,位于当前选择模型的下方,如图 5.21

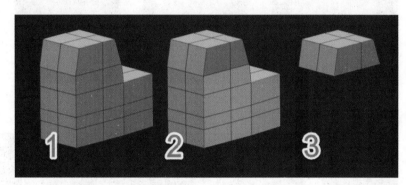

图　5.17

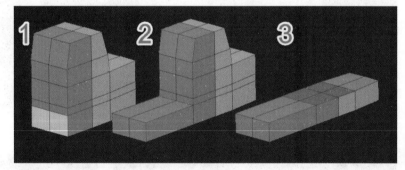

图　5.18

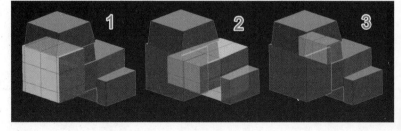

图　5.19

所示。

由于参数化模型默认生成的网格模型的比例很大,可以使用 Gizmo 操作器整体缩放模型,然后在侧面参考背景图移动模型位置，效果如图 5.22 所示。

注意：可以看到参考图带有一些点，这会影响观察，可以到绘制调板的参考图修改器子调板里将"前点"和"后点"选项都关闭。

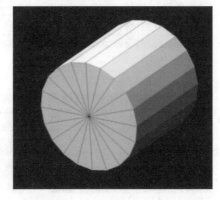

图　5.20

图　5.21

图　5.22

旋转模型到底面，缩放模型调节它的厚度，效果如图 5.23 所示。

使用同样的方法制作其他轮子的基础模型，完成后将模型全部显示出来，观察一下效果，如图 5.24 所示。

当前的轮胎都是单体模型，所以接下来使用阵列功能制作更多的副本。以车厢的轮胎为例，先阵列出在水平方向位于右侧的轮胎。

展开"工具"→"ArrayMesh（阵列模型）"子调板，单击"阵列网格"开关将其激活，如图 5.25 所示。此时场景中没有变化，但已经有了复制的模型（和原模型重合），需要调整它的位置。

调整阵列模型的位置有两种方法：一是拖拉调板中偏移的轴向数量滑杆，观察视图中的变化，如图 5.26 所示；二是使用 Transpose 功能。激活调板里的 Transpose 开关，然后按 W 键进入移动模式。单击Gizmo 开关或是按 Y 键可将其关闭，如图 5.27 所示。注意，

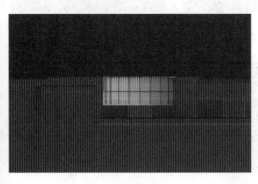

图　5.23

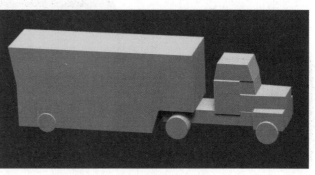

图　5.24

使用 Transpose 功能可以调整得更加精确。

关闭后视图中就会显示出 Transpose 工具（简称动作线或转置）。这是一个与 Gizmo 很相似的工具，它也可以按照轴向操作模型。先单击红色的圈将它的轴向切换到这个方向（X轴），此时可以看到 3 个靠得很近的橙色圆圈，现在单击末端圆环将它向右侧拉一段距离，如图 5.28 所示。

接下来按住 Shift 键单击拖动中间圆环的中心，就可以锁定在这个轴向上移动模型了。可以看到，随着拖动，复制的对象就出现了，如图 5.29 所示。

完成侧面的阵列复制后，接下来处理轴向的对称阵列。单击"追加新的阶段"按钮，以当前状态为基础生成第二阶段的阵列，然后单击"锁定位置"开关，将当前模型位置记住，再单击"重置"按钮，最后单击"Z 镜像"开关，将使用阵列功能生成 Z 轴的镜像复制效果，如图 5.30 和图 5.31 所示。

使用相同的方法处理其他的轮胎，效果如图 5.32 所示。

现在就完成了卡车的基础

图 5.25

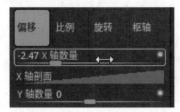

图 5.26

图 5.27

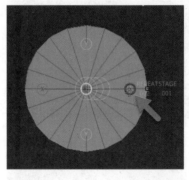

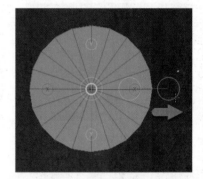

图 5.28

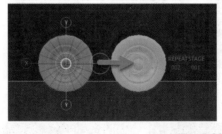

图 5.29

图 5.30

图 5.31

图　5.32

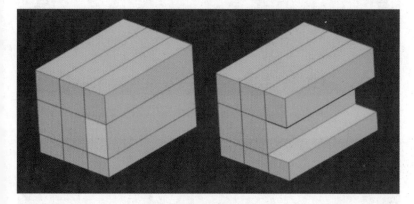

图　5.33

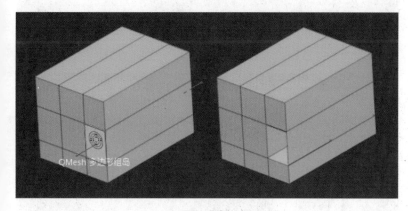

图　5.34

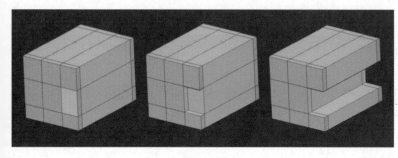

图　5.35

模型。在下一节将分别制作卡车的各个部件。

小结

为了让阅读体验更加顺畅，在介绍流程时规避了会导致出错的步骤，现在就之前的流程做一些技术提示。

❶ QMesh 的挖洞功能技术提示。

使用 QMesh 命令可以轻松完成挖洞操作，那是因为模型在挤推位置的侧面有一条中线，可以让我们对称挖洞，如果没有中线，就不能在挖洞时开启对称功能；这样就会出现不想要的效果，如图 5.33 所示。

图 5.33 没有中线，也没有开对称,挖洞速度和有中线（开启对称）一致。但通常模型都需要有中线；否则不利于对称缩放和移动模型的两侧。

图 5.34 展示了没有中线情况下对称挖洞的效果，很显然并不完美。开启对称挖洞会留下多余的面。

如果模型上有更多的环线，使用不开对称的做法可以通过多次单击推拉得到正确的挖洞效果，但操作效率会显著降低，如图 5.35 所示。

当模型上包含环线，在推拉时操作流畅度也会有所降低——操作时会有距离锁定，让挤出距离和外侧拓扑的位置保持一致。虽然慢一点，但最终是可以挖空的。如果此时开启对称来挤压挖洞可以加速操作，但在处理中间部分时需要关闭对称进行操作；否则也会出现多余的面，如图5.36所示。

很明显这样操作有些烦琐，所以最佳方案就是加一条中线，这样可以全程使用对称操作。注意，一定要是中线，不是中线也会有多余的面产生，如图5.37所示。中间开启对称操作会产生多余的面，右图关闭对称可以正常挖空。

如果有更多的面要挖去，并且也没有中线和更多的环线，那么可以关闭对称进行挖洞，这与之前介绍的一个面挖洞是同样的结果。

有时模型包含了很多的环线，在挖洞过程中会发现无法锁定挖洞的距离，此时就只能靠眼睛来判断推拉的距离。即使很小心地操作，在过程中也会出现难以解决的状况，如图5.38所示。此时就无法挖穿模型。

这里提供两个解决方案：一是将多余的环线删除，然后挖洞；二是如果环线不能删除就加一条中线，再关闭对称，先挤压一侧，到中间处停止，切换到另一侧继续挤压，最终完成效果如图5.39和图5.40所示。

❷ 阵列功能的技术提示

在之前介绍流程时，先阵列出一侧的模型，然后再对称阵列，这种操作是很顺畅的。

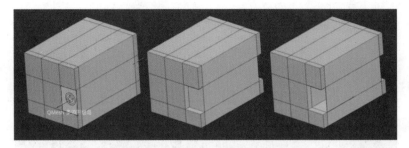

图 5.36

图 5.37

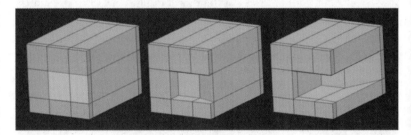

图 5.38

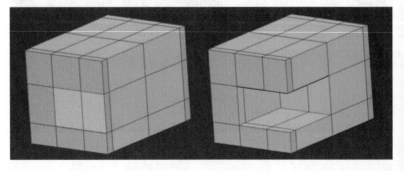

图 5.39

图 5.40

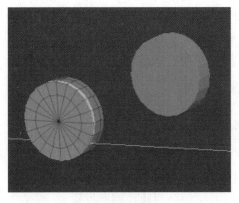

图 5.41

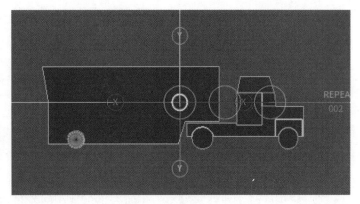

图 5.42

现在将之前的流程颠倒一下，先使用阵列功能生成 Z 轴的镜像复制效果，如图 5.41 所示。

然后再增加一个阵列阶段，激活 Transpose 开关，按 W 键进入移动模式，使用 Transpose 功能，此时会发现 Transpose 的操作中心位于原点，而不是位于阵列对象的中心，如图 5.42 所示。

如果对象距离圆心非常远，就要手动把动作线操作器拉长以便能够操作——单击末端圆环拖拉到左侧，让中间的圆环靠近模型，如图 5.43 所示。很明显，这样操作起来也会有些不便。

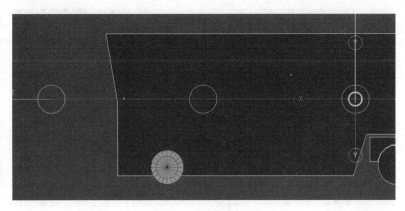

图 5.43

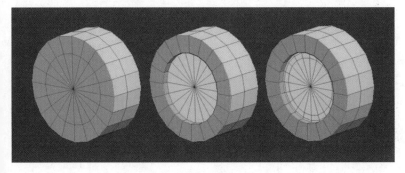

图 5.44

因此，一定要使用案例中介绍的流程，这样可以避免很多操作时的困扰。

5.2 制作汽车轮胎

使用"插入（边）"命令，将目标设为"多边缘环"，在模型侧面的边上单击增加一条中线，然后切换目标为单边缘环，在边上单击增加一条环线。切换到"QMesh（面）"命令，将目标设为"多边形内部"，在面上单击拖动向内挤出，然后继续使用"插入（边）"命令增加更多的环线，如图 5.44 所示。

提示：从这次的挤出操作可以感受到 ZBrush 目标预设的强大，因为完全不需要像其他软件那样去选择元素，只要当前模型的状态符合预设就可以直接应用效果。

轮胎

在这里没有使用建立临时组的方法，因为建立临时组的过程和其他软件选择元素的操作是相似的，这个过程会浪费一些时间，并且有时这个操作会在不需要的区域生成临时组，所以使用预设是最快、最理想的方法。

使用"QMesh（面）"命令，将目标设为"多边形环"，在面上单击拖动挤出新的结构。切换到"斜角（边）"命令，在边上单击拖动生成斜角效果，然后切换到"插入（边）"命令，在斜角区域增加一条环线，如图 5.45 所示。

旋转模型到侧视角。切换到"Transpose（边）"命令，目标设置为"完整边缘环"，在模型上单击边将除了这条环线外的其他区域应用遮罩。可以看到模型上出现了 Gizmo 操作器，而当前 Gizmo 的轴向朝向不正确，可以按住 Alt 键单击刷新按钮，将轴向摆正，然后单击 Gizmo 操作器的蓝色箭头向右移动到蓝色边界，如图 5.46 所示。

现在红色颜色组区域的造型比较生硬，需要让它变得更圆滑些。切换到"斜角（边）"命令，将目标设置为"完整边缘环"，在模型上单击拖动来生成斜角，完成后切换到"滑动（边）"命令，将目标设置为"完整边缘环"，在边上滑动改变模型的厚度，然后切换到"QMesh

（面）"命令，将目标设置为"多边形组孤立"，在模型上单击拖动，按住 Shift 键可把挤出操作变为移动效果，如图 5.47 所示。

使用"插入（边）"命令，在边上单击增加一条环线，然后切换到"多边形组（面）"命令，目标设置为"多边形组内部"，在蓝色面上单击将中间的颜色组改为绿色，然后继续使用"插入（边）"命令增加一条环线，如图 5.48 所示。

再次使用"多边形组（面）"命令将中间的颜色组改为黄色，然后切换到"QMesh（面）"命令，将目标设置为"多边形环"，在面上单击拖动向外挤出新的结构，使用"插入（边）"命令在黄色组增加一条环线，如图 5.49 所示。

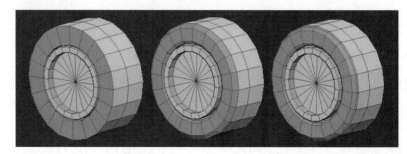

图　5.45

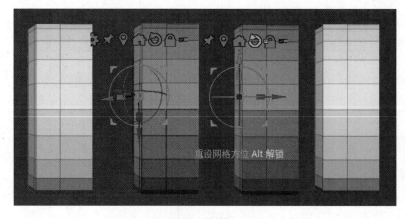

图　5.46

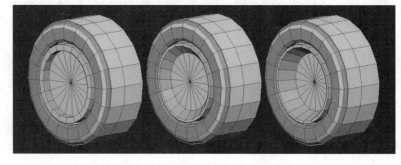

图　5.47

接下来要在黄色组的位置生成一个半球的造型。首先制作一个半球，在工具面板中选择参数化球体，在初始化子调板中设置为对齐到 Z 轴，H（水平）细分为 20，V 细分为 21。注意，20 是为了与轮胎边数相同，21 是为了能生成一条中心线，便于删除不需要的另一半，如图 5.50 所示。

单击"生成 PolyMesh3D 工具"按钮生成多边形网格模型。旋转模型到侧面，按住 Ctrl+Shift+Alt 组合键框选一半模型，松开鼠标后将其隐藏。然后按 Alt+D 组合键将其删除，完成后将模型转到正面，对齐到 Z 轴方向，如图 5.51 所示。

注意：Alt+D 组合键是一个自定义热键，它的功能对应的是"工具"→"几何形"→"修改拓扑"子调板的"删除隐藏"按钮，如图 5.52 所示。删除隐藏是个常用功能，而它在界面中的位置隐藏得比较深，为了使用方便，为它应用了热键。如果安装了本书提供的自定义热键文件，就可以直接在软件里使用这个热键。

模型完成后如果将它加入到工具列表中，然后调节位置、方向和比例让它与车轮匹配，这个过程是比较缓慢的。为了更快地得到结果，需要使用插入笔刷功能，它可以直接将半球模型应用到需要的位置。

先将刚才的半球模型转化为插入笔刷。单击"笔刷"→"创建 InsertMesh"按钮，这将基于当前模型的朝向生成一个新

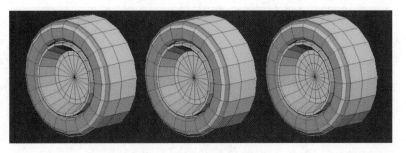

图　5.48

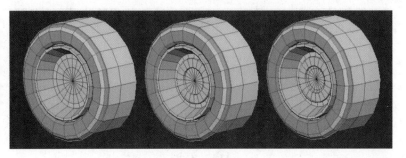

图　5.49

图　5.50

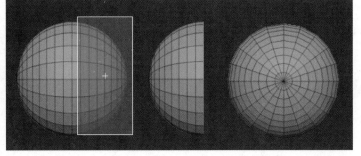

图　5.51

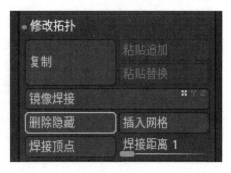

图　5.52

的插入笔刷——模型在生成时面朝哪个方向，在使用时笔刷就会朝向哪个方向。新生成的笔刷位于笔刷列表的末尾，如图5.53所示。

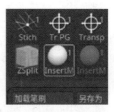

图　5.53

选择插入笔刷（半球），将光标移动到黄色组的圆心单击并拖动，此时将在轮胎模型上创建一个半球，拖动时按住Shift键可以将半球的角度锁定。完成后松开鼠标，之前的模型将应用遮罩。按W键进入Gizmo模式，对半球模型的位置和比例做一下微调，效果如图5.54所示。

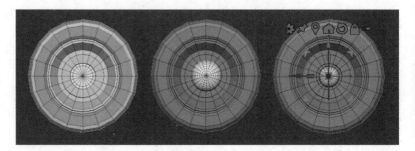

图　5.54

现在这两个对象是分离的，需要让半球和轮胎连接起来。将图5.54中黄色组的面删除，然后使用桥接功能将两个对象连接起来。由于在创建时半球距离轮胎太近，挡住了需要操作的区域。可以将半球移出一段距离，然后按住Ctrl键在视图区单击，将模型的遮罩翻转，这样就可以处理轮胎部分了。切换到"删除（面）"命令，目标设置为多边形组内部，在轮胎的面上单击将中心区域的面删除，如图5.55所示。

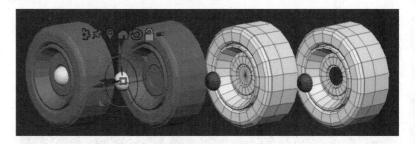

图　5.55

再次翻转遮罩，使用Gizmo操作器将半球移动到靠近空洞的位置，然后按住Ctrl键在视图中拖一下，清除模型上的遮罩，如图5.56所示。

切换到"桥接（边）"命令，将目标设置为"两孔"。先单击蓝色组的一条边，然后单击黄

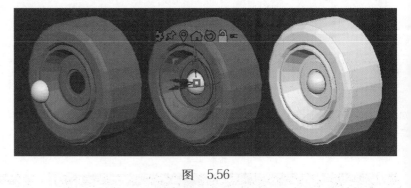

图　5.56

颜色组的边，此时两个模型将被连接起来成为一个模型，如图5.57所示。注意，将桥接（边）的修改器选项设置为多边形组平面，生成的连接部分将是一个颜色组。

旋转模型到侧面，按住Ctrl键拖拉出遮罩框选模型的左半部分，接下来使用Gizmo调整模型的厚度。完成后切换到"插入（边）"命令，按住Alt键单击中间的环线将其删除，如图5.58所示。

旋转模型到背面，使用"插入（边）"命令在面上单击插入

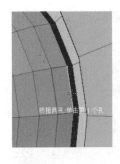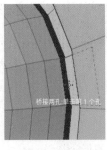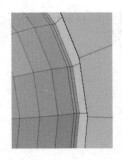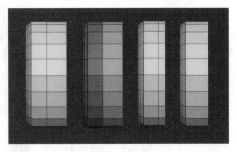

图 5.57　　　　　　　　　　　　图 5.58

一条环线，然后切换到"QMesh（面）"命令，将目标设置为"多边形组内部"，在面上单击拖动向内挤出新的结构。继续这样的

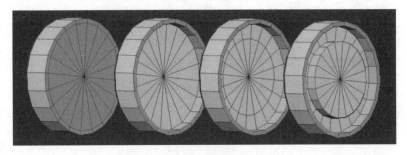

图 5.59

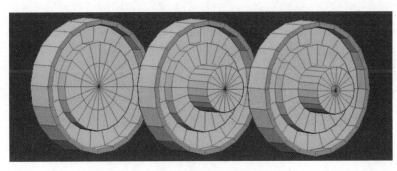

图 5.60

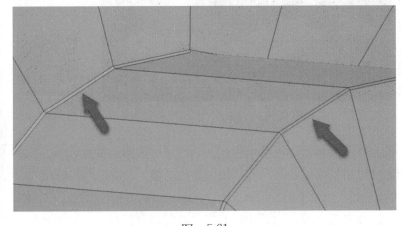

图 5.61

操作，增加环线，然后挤出结构，如图5.59所示，左图为增加环线，中图为向内挤出结构和继续增加环线，右图为挤出结构。

使用"插入（边）"命令增加环线，然后挤出结构，继续添加环线，如图5.60所示，左图为增加环线，中图为挤出结构，右图为继续增加环线。

完成后切换到"斜角（边）"命令，在边上单击拖动生成斜角效果，对模型上其他的边也做相似处理，如图5.61所示。

按D键为模型应用平滑预览，观察效果。可以看到，之前添加的小斜角可以让模型产生倒角效果而不是折边的硬边效果，如图5.62所示。

接下来制作背面的五幅轮毂。选择一个插入笔刷（Insert_Ngon Mesh_02），按M键从弹出的面板中选择5（五边形构成的模型），如图5.63所示。

复制轮胎模型，在背面中心拖拉出五边形体模型。按住Ctrl+Shift组合键单击五边形体将轮胎模型隐藏，然后按Alt+D组合键将其删除。遮罩模型后使用Gizmo调整模型，最后使用"插入(边)"命令删除多余的环线,如图5.64所示。左图为拖出五边形,中图为删除轮胎、遮罩和调节模型,右图为删除环线。

使用Gizmo缩放模型(增加长度)。切换到"QMesh(面)"命令,将目标设置为"单个多边形",在面上单击拖动挤出新的结构(条幅)。接下来依次单击五边形体侧面的面,挤出同样长度的条幅结构,如图5.65所示。

使用Gizmo旋转模型。模型看上去长度有些不足,因此需要延长刚才的挤出部分。由于挤出的面都是一个颜色组,可以切换到"QMesh(面)"命令,将目标设置为"所有多边形组",在面上单击拖动,将5个面同时挤出,效果如图5.66所示,左图为旋转前的模型,中图为旋转后的模型,右图为挤出新的结构。

注意:开启径向对称可以同时操作5个部分,但只有在原点可以正常操作,一旦移动了位置,单数模型就无法在开启局部对称时找到准确的轴心,而双数模型没有这个问题,所以这里借助ZModeler笔刷的功能同时产生5个部分的效果,如图5.67和图5.68所示。

虽然操作中心产生了偏移,但对于比较大范围的操作还是可以使用径向对称功能

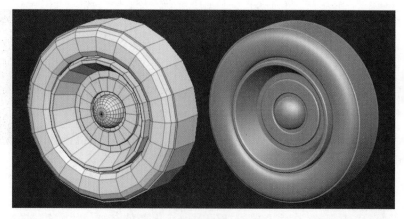

图 5.62

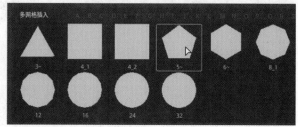

图 5.63

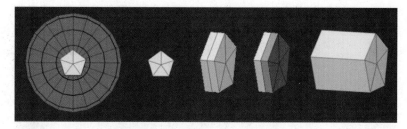

图 5.64

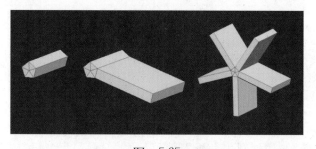

图 5.65　　　　　　　　　轮胎轮毂

的。在变换调板中激活对称开关,将对称轴向设置为Z轴,然后激活R(径向)开关,开启径向对称功能,再将"径向数量"设置为"5",如图5.69所示。

在模型上拉出白色反向遮罩,遮罩模型的局部,接下来使用

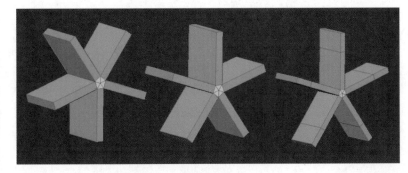

图 5.66

Gizmo 调节模型，效果如图 5.70 所示。

将两个模型显示出来，渲染观察效果，然后使用 5.2 节介绍的阵列功能生成更多的车轮和轮毂。这一过程中可以开启 X 光显示来辅助判断五幅轮毂的位置。完成效果如图 5.71 所示。

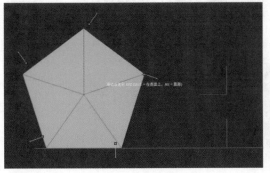

图 5.67

图 5.68

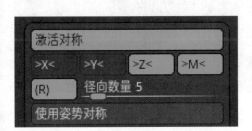

图 5.69

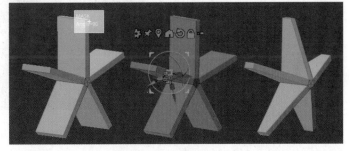

图 5.70

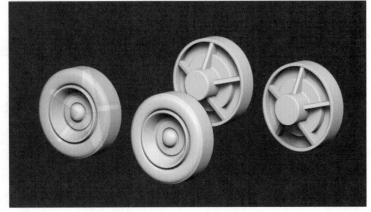

图 5.71

5.3 制作卡车车厢

本节将继续制作卡车的车厢。在5.1节中介绍了车厢的基础模型制作（图5.72），但只是为了快速得到一个整体预览效果，并不是最终制作车厢的方法，因为这个车厢模型在制作时没有考虑车轮位置的模型布线，在后面会造成困扰，所以本节将完整介绍车厢的制作流程。

5.3.1 车厢主体

这一制作将基于轮胎的布线作为起点。选择轮胎，向左拖拉历史滑块，切换到5.1节的完成状态，然后复制模型（按Ctrl+Shift+D组合键），再将历史滑块复位。切换到复制模型，使用框选功能隐藏下半部分，然后删除。使用"多边形组(面)"命令，目标设置为"多边形环"，单击模型的侧面为其指定一个颜色组。然后使用"桥接(边)"命令，目标设置为"边缘"，开启X轴对称和局部对称，在模型上单击前后两条边将孔洞补好，如图5.73所示。

提示：虽然不补面也能产生环形挤出效果，但是挤出的结构在底面不是水平的，如图5.74所示。由于ZBrush软

件目前没有完善的捕捉功能，所以修正过程主要是靠眼睛来判断，因此会影响模型的精准度。

使用"QMesh（面）"命令，将目标设置为"多边形组孤立"，在面上单击拖动向外挤出。旋转模型到侧面，按住Alt键单击一个面将其转为临时组，然后在面上单击拖动向外挤出新的结构，如图5.75所示。

接下来在蓝紫色面上单击，这个组将使用之前的挤出距离生

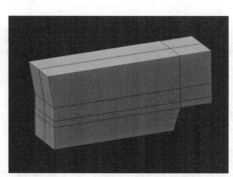

车厢1

车厢2

车厢3

图 5.72

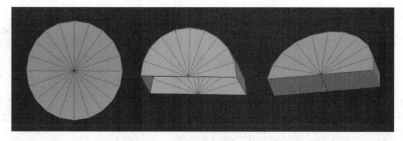

图 5.73

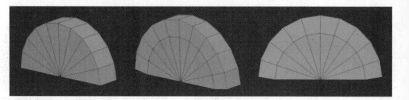

图 5.74

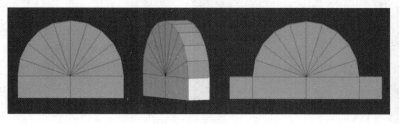

图 5.75

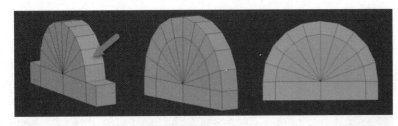

图 5.76

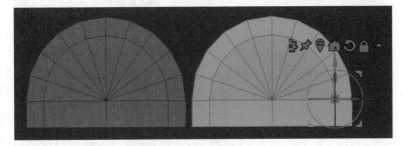

图 5.77

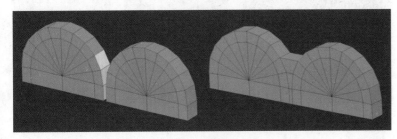

图 5.78

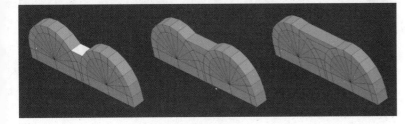

图 5.79

成新的结构，并且和之前的模型焊接在一起，这样就能保持底面的水平效果了，如图 5.76 所示。

按 W 键激活 Gizmo 操作器。按住 Ctrl 键向右拖拉红色箭头，复制当前模型，如图 5.77 所示。

切换到"QMesh（面）"命令，按住 Alt 键单击 3 个面，将其转为临时组，在面上单击拖动将这个区域连接起来，如图 5.78 所示。

注意：如果面与垂直线的夹角过大（超过 30°），相对的两个面是无法连接的，所以这里只连接了 3 个面。

按住 Alt 键单击一个面将其转为临时组，在面上单击产生挤出效果，它会将这个区域的两边连接起来。然后继续创建临时组，在面上单击产生挤出效果，如图 5.79 所示。

接下来使用这个基础模型制作车厢结构。先处理顶面的结构。

旋转模型到顶面，切换到"多边形组（面）"命令，目标设置为"孤立向前"，然后在面上单击应用新的颜色组。可以看到，在顶视角可以看到的面都应用了新的颜色组，如图 5.80 所示。

旋转模型，可以看到侧面最底下的面仍然保持了原先的颜色组。开启 X 轴对称，按住 Alt 键在第二个面上单击，然后松开 Alt 键，此时可以看到这

图 5.80

个面的颜色组改变为另一个颜色，松开鼠标／手绘笔，将效果固化，如图5.81所示。

使用"Transpose（面）"命令，目标设置为"多边形组孤立"，在模型的顶面单击将其他区域应用遮罩，然后按住Ctrl键向上拖拉Gizmo的绿色箭头，产生垂直的挤出效果。再按住Ctrl键向下拖动绿色方块（缩放）将模型上半部分造型变平，完成后清除遮罩，如图5.82所示。

切换到"QMesh（面）"命令，按住Alt键在面上单击创建临时组，开启对称，拖动这个面向外挤出，然后继续创建临时组，在面上单击应用挤出效果，最后单击中间的面将空的区域补全，如图5.83所示。

可以看到两侧底部的边并不是对齐的，可以使用之前介绍的缩放技巧将模型压平，如图5.84所示。

遮罩模型的下半部分。使用Gizmo调整模型，完成后清除遮罩。使用"插入（边）"命令，在边上单击增加一条环线，如图5.85所示。

注意：在两条环线之间新插入的环线默认会受到两条环线的影响。如果直接在中间位置单击就会受底面环线（圆形）的影响，创建位置越低越会让环线产生与底面环线相似的变化。如果靠近顶部的直线，变

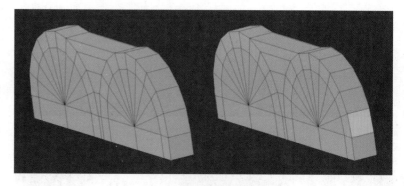

图　5.81

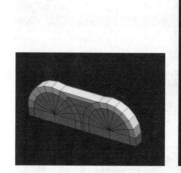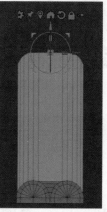

图　5.82

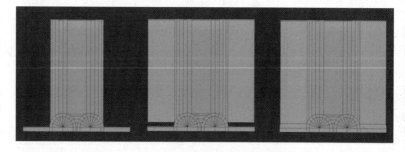

图　5.83

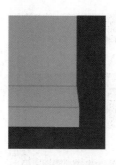

图　5.84

化就比较轻微，所以在从靠近顶部的位置创建一条环线后，按住Shift键继续向下拖动，此时就不会受到下面环线的影响，可以得到水平的环线；但如果从底面创建环线，即使使用Shift键拖动也不会变成水平线，如图5.86所示。

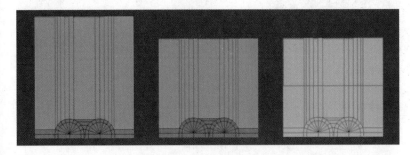

图 5.85

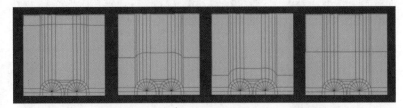

图 5.86

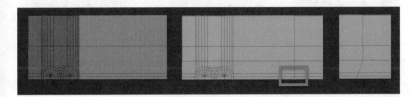

图 5.87

图 5.88

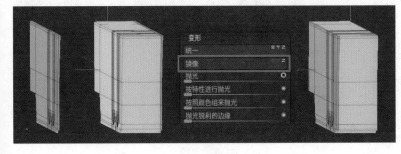

图 5.89

接下来继续调节模型。遮罩左半部分，使用Gizmo调整模型，完成后清除遮罩。切换到"插入（边）"命令，使用上面的方法增加环线，然后拖动来改变环线位置。切换到"滑动（点）"命令，将目标设置为"无穷XYZ"，拖动点来调整模型的布线，如图5.87所示。

遮罩左半部分，使用Gizmo调整模型，完成后清除遮罩。切换到"QMesh（面）"命令，按住Alt键在面上单击拖动创建临时组，然后拖动将模型挖空。继续增加环线，使用"滑动（点）"命令调整模型的布线。最后使用"QMesh（面）"命令创建临时组，将这个区域的模型挖空，如图5.88所示。

现在制作完成了车厢一侧的结构。可以看到模型厚度还不够，使用"QMesh（面）"命令，目标为"平面孤立"，在模型的面上单击拖动产生挤出效果。接下来需要让模型变得对称，在"工具"→"几何形"→"修改拓扑"子调板中将Z轴开关激活，单击"镜像焊接"按钮，如果没有效果产生就需要将模型使用镜像到另一侧——在"工具"→"变形"子调板中将Z轴开关激活，单击"镜像"按钮，如图5.89所示。

完成后再次单击"镜像焊接"按钮生成效果，如图5.90所示。

旋转模型到顶面，使用"插

入（边）"命令删除当前的环线，然后再增加一条环线。开启 Z 轴对称，使用反向遮罩框选模型的一个角，然后使用 Gizmo 调整模型，效果如图 5.91 所示。

使用"插入（边）"命令增加一条环线，然后按住 Shift 键滑动进行调整。接下来将环线的上半部分反向遮罩，使用 Gizmo 向右移动。完成后清除遮罩，如图 5.92 所示。

使用"桥接（点）"命令，目标设置为"两点"，单击两个点生成连线。然后遮罩夹角的点，使用"滑动（边）"命令，目标设置为"完整边缘环"，单击边并滑动将环线靠在一起，如图 5.93 所示。

展开"工具"→"几何形"→"修改拓扑"子调板，设置焊接距离为 25，单击"焊接顶点"按钮将彼此靠近的点焊接起来，如图 5.94 所示。

使用"插入（边）"命令，目标设置为"多边缘环"，在边上单击增加一条中线，如图 5.95 所示。

对模型局部应用反向遮罩，使用 Gizmo 调节模型让线条保持水平。接下来使用"滑动（点）"命令调节模型，如图 5.96 所示。

切换到"QMesh（面）"命令，按住 Alt 键在面上单击创建临时组，然后拖动挤出新的结构。接下来使用"滑动（点）"命令调节模型，如图 5.97 所示。

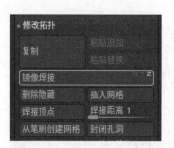

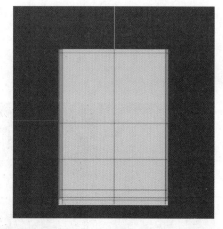

图 5.90

  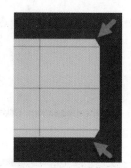

图 5.91

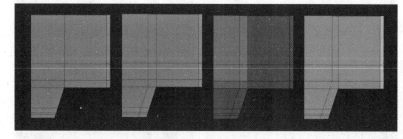

图 5.92

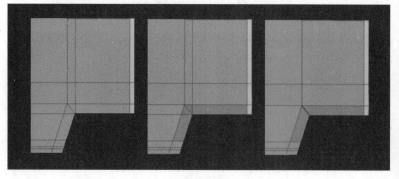

图 5.93

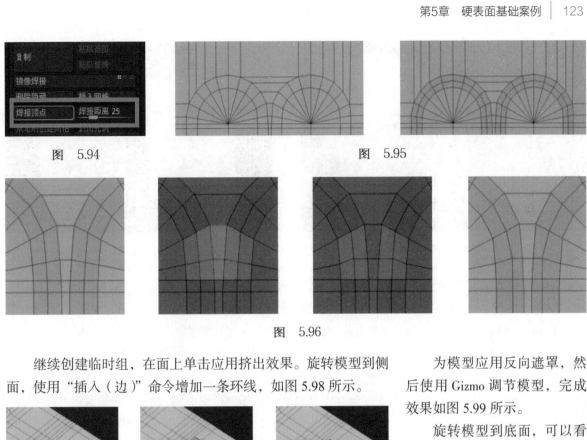

图 5.94   图 5.95

图 5.96

继续创建临时组，在面上单击应用挤出效果。旋转模型到侧面，使用"插入（边）"命令增加一条环线，如图 5.98 所示。

为模型应用反向遮罩，然后使用 Gizmo 调节模型，完成效果如图 5.99 所示。

旋转模型到底面，可以看到底面的颜色组并不统一，如图 5.100 所示，这会影响后续对模型的选择操作，所以需要做一下处理。

旋转模型到后视角，按住 Shift 键拖拉将模型摆正。切换到"多边形组（面）"命令，目标设置为"孤立向前"，在模型上单击应用新的颜色组，如图 5.101 所示。

接下来旋转到底视角，在模型上单击应用新的颜色组，

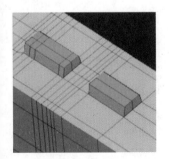
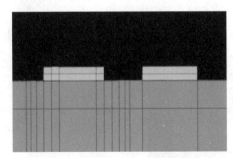

图 5.97

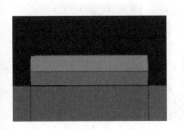
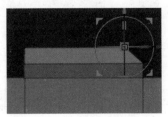

图 5.98

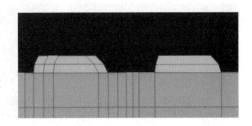

图 5.99

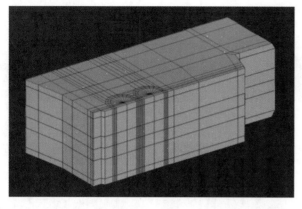

图 5.100

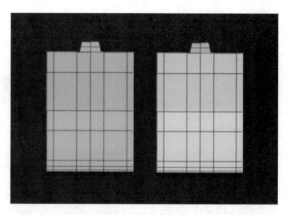

图 5.101

这一过程中按 Alt 键可换成不同的颜色,如图 5.102 所示。

旋转到侧面,目标设置为"多边形环和平面",在模型上单击应用新的颜色组,这一过程中按 Alt 键可换成不同的颜色,如图 5.103 所示。

复制当前模型(3 次),作为制作后续部件(底盘、车厢门和栏杆)的基础网格。然后切换回之前的模型,使用"删除(面)"命令,目标为"多边形组孤立",分别单击模型的面,将多余的颜色组删除,如

图 5.104 所示。

为模型应用更多的环线,然后在前视角创建临时组。切换到"多边形组(面)"命令,目标设置为多边形环,在面上单击应用新的颜色组,如图 5.105 所示。注意,临时组也将同时应用新的颜色组效果。

侧面上有些颜色组部分需要取消。使用"多边形组(面)"命令,目标设置为"多边形环和平面",然后在面上单击应用新的颜色组,接下来在左侧面上单击,这一过程中按 Shift 键,可将左侧的循环颜色组替换之前的颜色,如图 5.106 所示。

使用"QMesh(面)"命令,目标设为"所有多边形",在面上单击拖动向内挤出厚度。可以看到,默认的面朝向是反的,可以切换到"翻转(面)"命令,目标设置为"所有多边形",在模型上单击将面的朝向修正,如图 5.107 所示。

旋转模型到底面,可以看到模型的有些区域在挤出厚度时产

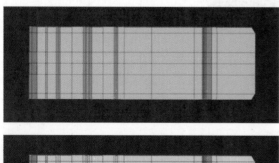

图 5.102

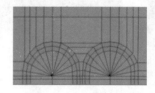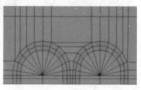

图 5.103

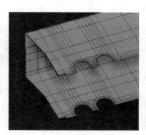

图 5.104

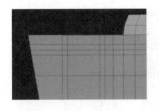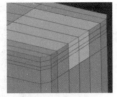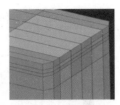

图　5.105

图　5.106

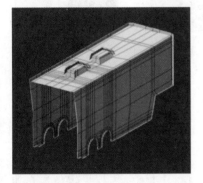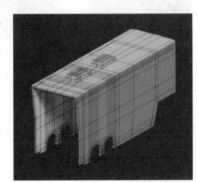

图　5.107

生了小的变形，需要将其修正，如图 5.108 所示。

为了方便操作，这里使用框选功能将其他部分隐藏，如图 5.109 所示。

旋转模型到侧面，使用反向遮罩和 Gizmo 将下面凸起的点调至水平，如图 5.110 所示。

使用"滑动（点）"命令，目标设置为"按笔刷半径"，设置较小的笔刷半径（不影响背面），拖动点调节模型。切换到"插入（边）"命令，单击环线将其删除，如图 5.111 所示。

从后视角可以看到内部的斜角位置有些变形。切换到"Transpose（点）"命令，单击点将其他区域遮罩，模型上将出现 Gizmo，按住 Alt 键单击"刷新"按钮将 Gizmo 的朝向摆正，使用 Gizmo 调节点的位置，完成后清除遮罩，如图 5.112 所示。

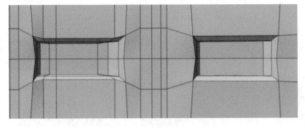

图　5.108

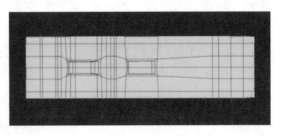

图　5.109

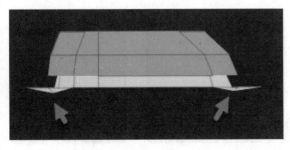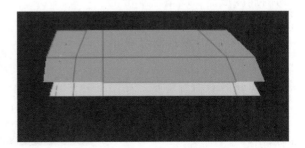

图　5.110

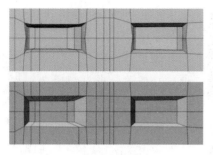

图 5.111

 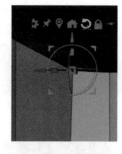 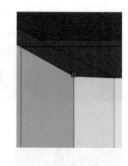

图 5.112

从侧面观察，可以看到这个位置也存在不需要的变形。使用反向遮罩框选这个区域将其他部分遮罩。使用 Gizmo 调节模型，完成后清除遮罩，如图 5.113 所示。

图 5.113

使用"QMesh（面）"命令，目标设置为"多边形组孤立"，在面上单击并拖动向外挤出厚度，如图 5.114 所示。

旋转模型到顶视角，在模型上单击拖动创建临时组，在面上单击，应用之前的挤出高度。使用相同的方法处理车厢尾部（顶面）的挤出结构，如图 5.115 所示。

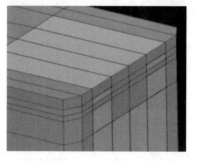 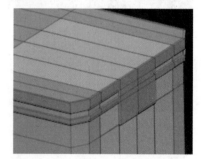

图 5.114

使用"插入（边）"命令增加两条环线，然后使用"QMesh（面）"命令创建临时组。切换到"内插（面）"命令，目标设置为"多边形组孤立"，修改器为内插区域，在模型上单击拖动创建内插面效果，然后使用"QMesh（面）"命令向外挤出新结构，如图 5.116 所示。

旋转模型到侧视角，使用"滑动（点）"命令，目标设置为"无穷 XYZ"，在模型的点上拖动改变模型造型——先上

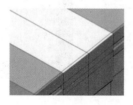  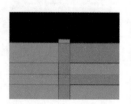

图 5.115

 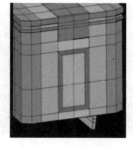 

图 5.116

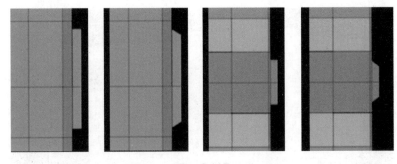

图 5.117

后下。完成后旋转模型到顶视角，拖动点对称调整点的位置，如图 5.117 所示。左侧两图是在侧视角操作，右侧两图是在顶视角操作。

旋转模型到前视角，使用"插入（边）"命令增加更多的环线，然后使用"QMesh（面）"命令创建临时组，如图 5.118 所示。

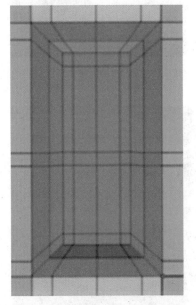
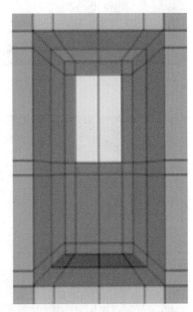

图 5.118

切换到"内插（面）"命令，在模型上单击拖动创建内插面效果。然后使用"QMesh（面）"命令向内挤出新结构。接下来处理下面的结构。使用"QMesh（面）"命令创建临时组，然后向内挤出，如图 5.119 所示，左图为对上面部分内插，中图为向内挤出，右图为对下面部分向内挤出。

图 5.119

模型顶部还有一个半球的结构，如图 5.120 所示。虽然可以直接制作出来，但是受限于当前的网格拓扑只能生成 8 边的球形，这样需要将细分设置为 3~4 级才能达到视觉平滑效果，模型量会大幅提高。只是为了一个结构让其他区域也同步细分，生成大量的多边形，这是一种浪费资源的行为，所以这个半球模型将使用轮胎章节中的方法来生成。

调节完成可以查看最终的平滑效果。由于没有用更多的环线做边缘控制，所以这里使用全局折边功能，在"工具"→"几何形"→"折边"

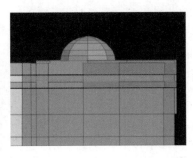
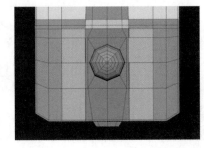

图 5.120

子调板中设置折边容差为 45，单击"折边"按钮应用效果。按 D 键预览可以看到大部分边缘显示正常，只有小部分边缘被圆滑了，接下来我们修正模型，如图 5.121 所示。

使用"折边（边）"命令，目标设置为"完整边缘环"，在模型的边上单击以应用折边效果。完成后关闭线框显示，做一次渲染，效果如图 5.122 所示。

至此，完成了车厢的主体模型制作，接下来制作车底盘。

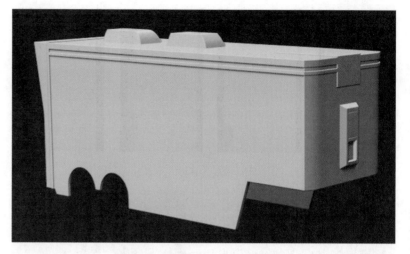

图　5.121

5.3.2　车底盘

选择之前复制的车厢模型，旋转模型到侧视角。使用"插入（边）"命令删除一条环线，然后使用"QMesh（面）"命令创建临时组，如图 5.123 所示。

旋转模型到底视角，使用"插入（边）"命令增加一条环线，然后使用"QMesh（面）"命令，目标设置为"所有多边形组"，单击车轮区域（蓝色组）先向内挤出一部分，然后继续向内挤压，如图 5.124 所示。

接下来需要将无用的面删

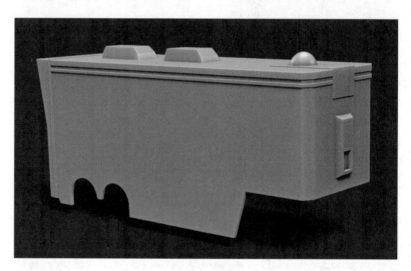

图　5.122

除。按住 Ctrl+Shift 组合键单击 3 个颜色组的交界处，将其他颜色组隐藏并删除，如图 5.125 所示。

在侧面使用"插入（边）"命令删除多余环线，如图 5.126 所示。

旋转到底面，使用"插入（边）"命令删除更多的环线，如图 5.127 和图 5.128 所示。

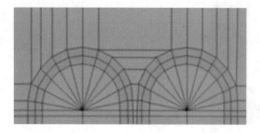
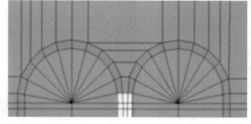

图　5.123　　　　　　　　　　　　　　　　　　　车厢底盘

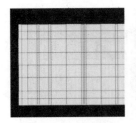 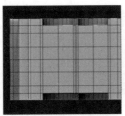 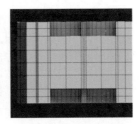

图 5.124

接下来为模型生成厚度。使用"QMesh（面）"命令，目标设置为"所有多边形"，在模型上单击拖动挤出厚度。这和之前为车厢制作厚度相似，模型的面默认是翻转的，可以使用"翻面"命令进行修正，如图 5.129 所示。

从图 5.129 可以看到，模型上也有几个小的变形，接下来做一下修正。

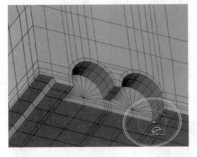 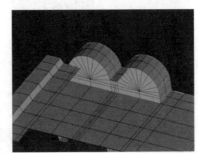

图 5.125

旋转模型到前视角，可以看到有个凸起的区域，使用反向遮罩框选这个区域，然后使用 Gizmo 调节模型，如图 5.130 所示。

 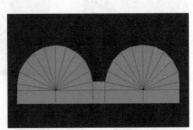

图 5.126

旋转到顶视角查看效果，可以看到这两个点的距离偏大，可以在侧视角使用 Gizmo 调节模型，让它与外侧结构靠近。先调整左侧点的位置，完

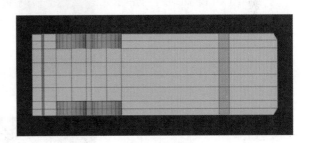

图 5.127　　　　图 5.128

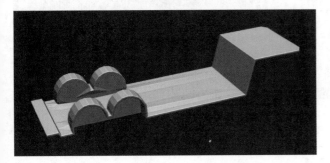 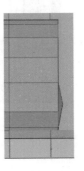 

图 5.129　　　　图 5.130

成后对这个点应用遮罩，再使用 Gizmo 调节右侧点的位置。调节后在顶视角查看效果，可以看到问题已经被修正了，如图 5.131 所示。

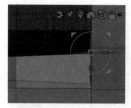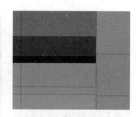

图 5.131

接下来处理另一个问题区域。使用"Transpose（点）"命令，单击这个点将其他区域遮罩，模型上将出现 Gizmo，按住 Alt 键单击"刷新"按钮将 Gizmo 的朝向摆正。旋转模型到侧面，使用 Gizmo 调节点的位置，然后在其他视角继续调节，完成后清除遮罩，如图 5.132 所示。

图 5.132

从底面可以看到，底盘与车厢是重合而不是契合，所以可以使用遮罩和 Gizmo 调整模型的局部位置。使用反向遮罩框选右侧部分，然后使用 Gizmo 向左移动，现在模型的右侧已经契合，如图 5.133 所示。

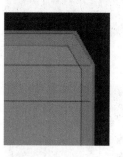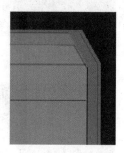

图 5.133

从图中可以看到斜角的水平线位置还需要调节。使用反向遮罩框选底面的顶部，然后使用 Gizmo 向下移动，现在模型底面的顶部已经契合。使用相同的方法处理斜角的位置，如图 5.134 所示。

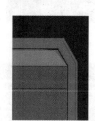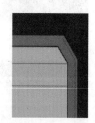

图 5.134

调节完之后需要为模型应用边缘控制，这里使用全局折边功能。设置折边容差为 45，单击"折边"按钮应用效果。按 D 键应用动态细分，可以看到大部分边缘都正常显示硬边，还有小部分区域需要修正，如图 5.135 所示。

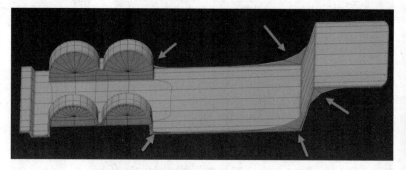

图 5.135

使用"折边（边）"命令，目标设置为"完整边缘环"，在模型的边上单击以应用折边效果。完成后关闭线框显示，并渲染效果，如图 5.136 所示。

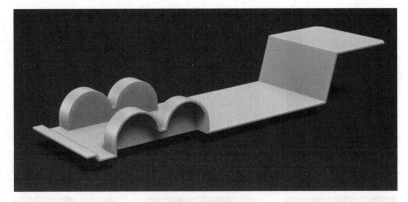

图 5.136

缩放 X Alt 以缩放 YZ

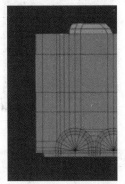

图 5.137

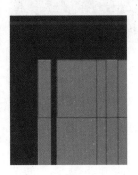

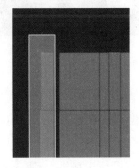

图 5.138

图 5.139

5.3.3 车厢门

车厢门有 3 个组件，即门、连接部件和下半部分。首先制作第一个部件——门。

选择之前的复制模型，将它作为车厢门的基础网格。旋转模型到侧面，按住 Alt 键单击夹角位置，将 Gizmo 的位置重置，然后按住 Ctrl 键向左拖动红色方块（缩放）将模型左侧部分造型变平。使用"插入（边）"命令增加一条环线，然后为模型生成临时组，如图 5.137 所示，左图为重置 Gizmo 位置，中图为压平模型，右图为增加环线并生成临时组。

使用 QMesh 命令推拉临时组形成孔洞。使用选择功能框选左侧模型，然后将隐藏部分删除，如图 5.138 所示，左图为挖空模型，中图为选择左侧模型，右图为将隐藏部分删除。

此时模型前后两面的拓扑没有完全对应，可以使用"插入（边）"命令删除多余的纵向环线，然后使用"焊接顶点"功能将彼此靠近的点焊接起来，如图 5.139 所示。

旋转模型到后视角，使用遮罩框选中线，然后使用

车厢门和门轴

Gizmo 调节模型。使用 QMesh 命令创建临时组，如图 5.140 所示。

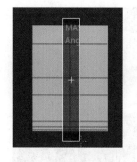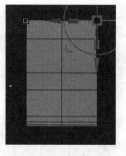

图　5.140

在面上单击拖动将这部分挖空，然后使用"插入（边）"命令，目标设置为"多边缘环"，在边上单击删除多余的横向环线，完成后再增加一条中线。将目标设置为"单边缘环"，在模型四边增加环线，如图 5.141 所示。

图　5.141

接下来制作门的其他部件，先从门轴开始。

复制当前模型，这个部件将使用插入笔刷转换为模型的流程。先选择插入笔刷（Insert_Ngon Mesh_01），按 M 键从弹出面板中选择 8_1（边数为 8 的圆柱），如图 5.142 所示。

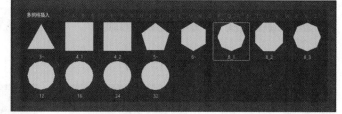

图　5.142

选择复制当前模型，展开"工具"→"几何形"→"修改拓扑"子调板，单击"从笔刷创建网格"按钮，当前在子工具列表中选择的模型将被圆柱替换，如图 5.143 所示。

圆柱模型默认的比例很大，可以使用 Gizmo 操作器对模型整体进行缩放，然后继续调节模型比例和位置。完成后复制一个作为备份。使用"插入（边）"命令删除中间的环线，

然后使用"缝合（点）"命令将两个点焊接起来，切换为"QMesh（面）"命令，目标设置为"单个多边形"，在底面单击生成新的结构，如图 5.144 所示。

使用刚才的方法制作上面的结构，完成后使用"QMesh（面）"命令向下挤出新的结构。使用 Gizmo 操作器配合遮罩对模型进行调整，然后使用"插入（边）"命令增加一条环线，如图 5.145 所示。

旋转模型到背面，然后使用"插入（边）"命令，目标设置

图　5.143

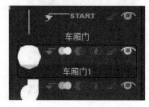

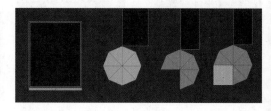

图　5.144

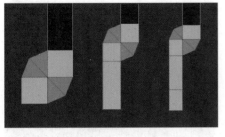
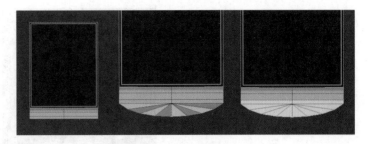

图 5.145

图 5.146

为"多边缘环"，为模型增加一条中线，切换到"桥接（面）"命令，目标设置为"相邻多边形"，选项设置为样条，单击底面并拖动产生桥接效果，左右拖拉产生起伏高度，上下拖拉控制桥接的分

段数。完成后按住 Alt 键在面上拖拉产生临时组，如图 5.146 所示。

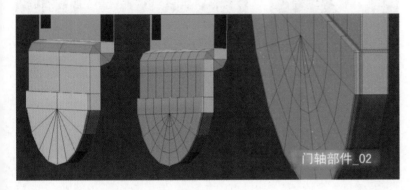

图 5.147

切换到"QMesh（面）"命令挤出新的结构，然后使用"插入（边）"命令，目标设置为"多边缘环"，在模型上单击拖动生成多条环线。完成后将目标切换回单边缘环，为模型添加边缘控制，如图 5.147 所示。

旋转模型到侧面，遮罩模型局部，然后使用"滑动（边）"命令调整循环边的位置，完成后清除遮罩，命名为"门轴部件_02"，如图 5.148 所示。

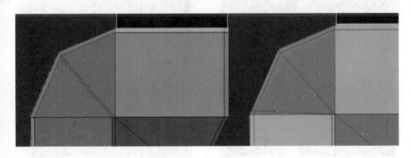

图 5.148

使用相同的方法制作上面的部件，完成后将其命名为"门轴部件_01"。为模型应用折边，按 D 键预览光滑效果，如图 5.149 所示。

复制模型后调整得大些，应用布尔效果，减掉"门轴部件_01"的部分体积。

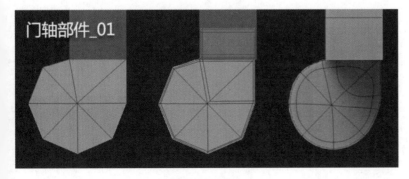

图 5.149

在子工具列表中单击"门轴部件_02"模型的箭头图标，它将变为"箭头+START"的效果，这表示布尔运算将从"门轴部件_02"开始，位于下面的物体可以对这个对象应用布

尔效果。现在将刚才制作的模型重命名为"门轴部件（布尔对象）"，将布尔图标设置为第二个（相减模式），如图 5.150 所示。

关闭线框显示，这样在开启预览布尔渲染（位于灯箱按钮右侧）时就可以看到"门轴部件 _02"减掉布尔对象的效果了。设置车厢门为布尔计算主体，将"门轴部件 _01"的布尔类型为相加模式。车厢门完成效果如图 5.151 所示，左图为布尔效果，右图为车厢门完成效果。

注意：门轴部件模型不要和车厢门完全重合，要适当调整比例，否则会产生不正确的布尔效果。

接下来添加中间的轴承。选择之前的圆柱模型备份，使用 Gizmo 调节比例，按住 Alt 键单击并拖动操作器的蓝色方块，可以改变圆柱的粗细，不改变长度，如图 5.152 所示。

调节时开启透明可以帮助我们判断模型的比例是否合适，如图 5.153 所示。完成后将其命名为"轴承"，将圆柱的眼睛图标关闭，临时隐藏它，如图 5.154 所示。

复制之前的圆柱模型，把它作为布尔对象，所以需要门轴部件稍长一些。使用 Gizmo 调节长度，然后单击调板中的"向下翻转箭头"按钮，调节它

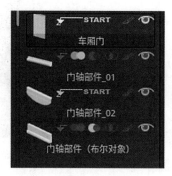
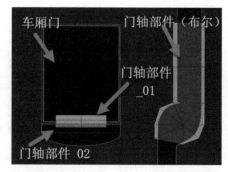

图 5.150

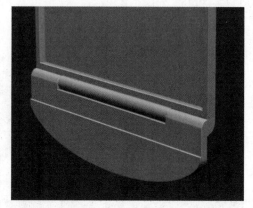

图 5.151

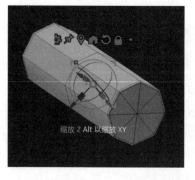
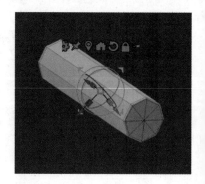

图 5.152

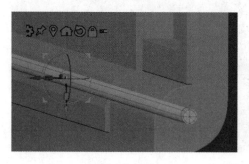

图 5.153　　　　图 5.154

在子工具列表中的位置——位于"门轴部件 _01"下方,设置布尔类型为减集。开启预览布尔渲染开关,观察效果。将其命名为"轴承布尔对象 _01",如图 5.155 所示。这是对车厢门和第一个门轴对象进行布尔运算。

接下来对第二个门轴对象进行布尔运算。复制当前模型(轴承布尔对象 _01),调节在列表中的位置位于"门轴部件 _02"下方,然后设置为减集,将其命名为"轴承布尔对象 _02",如图 5.156 所示。

选择之前的轴承模型,孤立显示模型,让它变得稍微细些,这是为了不要重合,也为了让生产的门轴部件能正常旋转。激活眼睛图标,再次显示它,显示全部车厢门组件,如图 5.157 所示。

5.3.4　车厢栏杆

栏杆的制作思路是基于车厢模型生成需要的面,然后挤出厚度。这里选择之前的车厢复制模型,将它作为栏杆的基础网格。在侧视角使用"删除(面)"命令,目标设置为"多边形环",在模型上单击蓝色组和紫色组删除多余的面,如图 5.158 所示。

使用选择功能框选下半部分,然后将隐藏部分删除。切换到"插入(边)"命令,在左侧增加一条环线,然后删除中间的环线,如图 5.159 所示。

使用 SliceCurve 笔刷增加一条垂直的环线,然后使用"插入(边)"命令删除右侧底部的环线。接下来将目标设置为"多边缘环",在边上单击拖拉生成多条环线,如图 5.160 所示。

使用隐藏功能隐藏多余的部分,然后将其删除。在模型

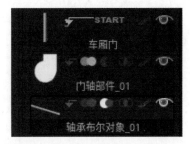

图　5.155

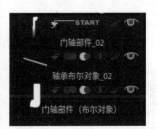

图　5.156

图　5.157

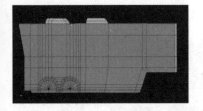

图　5.158

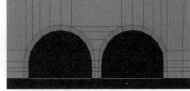

图　5.159

车厢栏杆

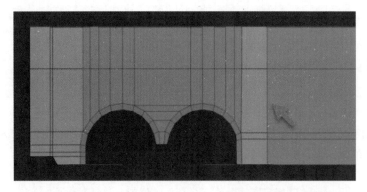
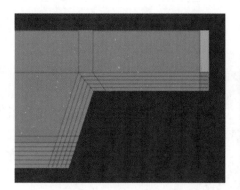

图 5.160

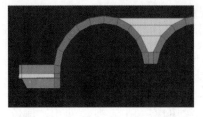

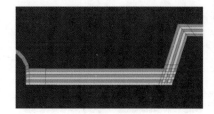

图 5.161   图 5.162

上单击为模型生成临时组，然后使用"删除（面）"命令，目标设置为"单一多边形"，在白色组区域单击，将所有临时组都删除，如图5.161所示。

使用"多边形组（面）"命令，目标设置为"多边形环"，在模型上单击，生成新的颜色组（黄色），如图5.162所示。

单击蓝色组，按住Shift键吸取蓝色，然后按住Alt键在模型上单击并拖动将其转换为临时组，再单击临时组将颜色变为蓝色，如图5.163所示。

使用"删除（面）"命令，目标设置为"所有颜色组"，单击面将黄色组删除，现在就得到了需要的结构面，如图5.164所示。

使用"QMesh（面）"命令，

目标设置为"所有多边形"，单击面挤出厚度，然后为模型应用折边（全局加手动处理），最后将多余的环线删除。按D键预览平滑效果，如图5.165所示。

图 5.163

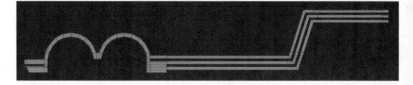

图 5.164

图 5.165

5.3.5　车厢装饰灯

复制当前模型，将其转换为立方体，然后使用 Gizmo 调整模型比例和位置。使用 ZModeler 笔刷制作更多的结构，如图 5.166 所示。注意，模型要适当向内移动一些，以便最终和车厢模型融合在一起（布尔运算）。

接下来制作装饰灯之间的分隔模型。复制装饰灯模型，使用插入笔刷替换为一个圆柱，然后使用 Gizmo 调整模型比例、位置和方向。使用 ZModeler 笔刷制作更多的结构，如图 5.167 所示。

开启阵列，设置阵列参数，效果如图 5.168 所示。

复制这两个模型，使用 Gizmo 操作器移动到其他位置。继续调整阵列参数，最终完成的侧面装饰灯效果如图 5.169 所示。

接下来制作正面和背面的装饰灯，如图 5.170 所示。

至此，就完成了车厢模型的制作。下一节将制作车头模型。

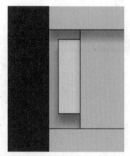
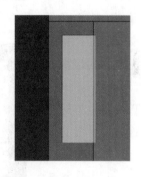

图　5.166

车厢装饰灯

图　5.167

图　5.168

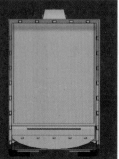

图　5.169

图　5.170

5.4 制作车头的各个部件

5.4.1 卡车休息室

使用"斜角（边）"命令，将目标设置为"完整边缘环"，在模型侧面的边上单击以产生斜角效果。切换到"插入（边）"命令增加一条环线，对斜角的效果进行控制，如图 5.171 所示，左图为原模型，中图为应用斜角，右图为添加环线。

切换到"Transpose（边）"命令，目标设置为"部分边缘环"，在模型上单击边将其他区域应用遮罩。可以看到模型上出现了 Gizmo 操作器。按住 Alt 键单击"刷新"按钮将轴向摆正，然后单击 Gizmo 操作器的红色箭头向左移动到边界与之对齐，如图 5.172 所示，左图为应用遮罩，中图为重置 Gizmo，右图为添加对齐边界。

切换到"插入（边）"命令，在模型上增加两条环线。旋转模型到侧面，在模型上拉出白色反向遮罩，遮罩模型的局部。使用 Gizmo 调节模型，让环线形成一个弧形倒角，如图 5.173 所示。

使用同样的方法处理右侧的造型。切换到"插入（边）"

命令为模型增加环线，对倒角的效果进行控制，关闭线框显示并观察效果，如图 5.174 所示。

卡车休息室

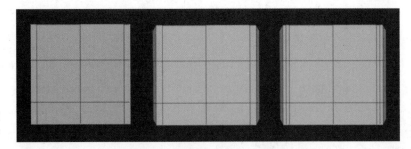

图 5.171

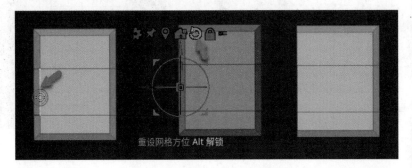

图 5.172

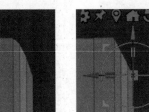

图 5.173

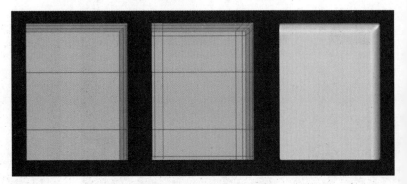

图 5.174

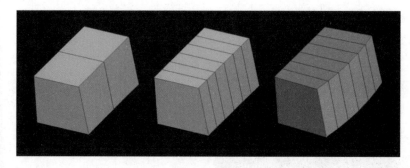

图　5.175

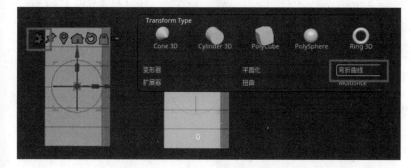

图　5.176

5.4.2　卡车驾驶室

使用"插入（边）"命令，将目标设置为"多边缘环"，在模型侧面的边上单击拖动增加多条环线，然后使用弯曲变形器修改造型，如图 5.175 所示。具体操作如图 5.176 至图 5.178 所示。

旋转模型到顶面，先将不需要影响的部分（左侧面）遮罩，然后进入 Gizmo 状态。单击操作器的齿轮，从弹出面板中选择"弯折曲线"，模型将应用这个变形器，如图5.176 所示。

拖拉深蓝色的圆锥操作器，可以看到模型的橙色标识会随着拖动发生变化。当标识位于模型两端时就得到了一个需要的轴向。接下来拖动橙色的圆锥操作器，同时查看模型下方的文字提示，将曲线分辨率设置为 7，这样就有 3 个可以操控的圆形橙色标识。按住 Shift 键单击拖动中间的圆形标识，模型将沿着水平方向产生弯曲变化，如图5.177 所示。

可以看到模型外边被扩展了，需要重新调整为水平。在原有遮罩基础上继续遮罩模型的中间区域和左侧面，然后使

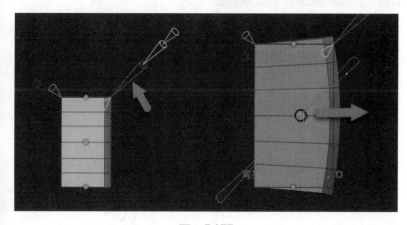

图　5.177

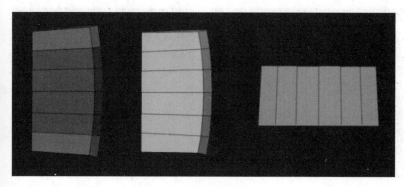

图　5.178

卡车驾驶室

用 Gizmo 移动调节模型。旋转模型到正面，使用 Gizmo 缩放调节模型，如图 5.178 所示。

使用"插入（边）"命令增加更多的环线，然后对模型应用遮罩，使用弯折曲线修改模型造型，如图 5.179 所示。完成后清除遮罩。

切换到"QMesh（面）"命令，按住 Alt 键在模型上单击并滑动，将滑过区域的面转为临时组；将目标设置为"多边形孤立"，

在面上单击并拖动，向内多次挤出前窗的造型，如图 5.180 所示。

使用同样的方法处理侧面窗户的造型，如图 5.181 所示。

切换到"内插（面）"命令，目标设置为"多边形环"，修改器设置为"内插区域"，在面上单击并拖动以增加更多的环线（双向），如图 5.182 所示。

完成后关闭线框显示，按 D 键预览平滑效果，如图 5.183 所示。

5.4.3　卡车帽子

使用"插入（边）"命令增加一条环线，然后使用"Transpose（面）"命令，目标设置为"单个多边形"，在模型上单击面将其他区域应用遮罩。激活 Gizmo 操作器，按住 Alt 键单击"刷

图　5.179

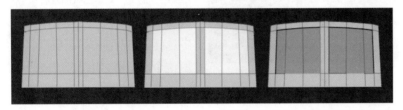

图　5.180

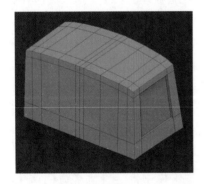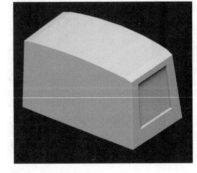

图　5.181

卡车帽子

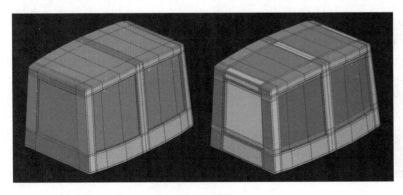

图　5.182

图　5.183

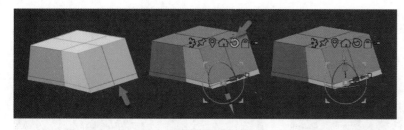

图 5.184

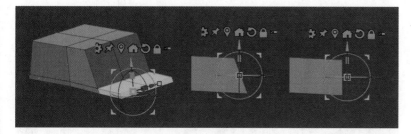

图 5.185

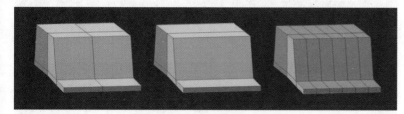

图 5.186

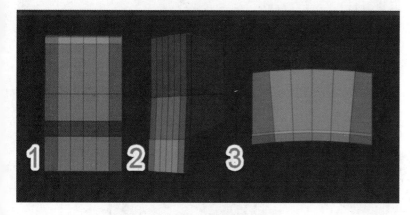

图 5.187

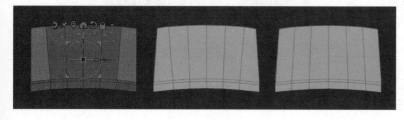

图 5.188

新"按钮将轴向摆正,如图 5.184 所示。

按住 Ctrl 键拖拉红色箭头产生挤出效果。旋转模型到侧面,遮罩底边的点,拖动红色箭头移动模型的局部,如图 5.185 所示。

使用"插入(边)"命令删除一条环线,然后将目标设置为"多边缘环",在边上单击拖动生成多条边缘环,如图 5.186 所示。

接下来为模型应用遮罩(两侧和底面部分),然后使用弯曲变形器修改造型,方法和制作驾驶室类似,如图 5.187 所示。完成后清除遮罩。

旋转模型到前视角,为模型的 4 个角应用反向遮罩,然后使用 Gizmo 缩放模型的局部,完成后清除遮罩。使用"滑动(点)"命令,目标设置为"无穷 XYZ",在对称状态下滑动点修改模型,如图 5.188 所示。

帽檐弧度要比帽子顶部高些,接下来单独对帽檐做一下处理。为模型应用遮罩,然后使用弯曲变形器修改造型,如图 5.189 所示。完成后清除遮罩。

旋转模型到顶视角,为模型应用反向遮罩,然后使用弯曲变形器修改造型。完成后清除遮罩,使用"滑动(点)"命令修改模型拓扑位置,如图 5.190 所示。

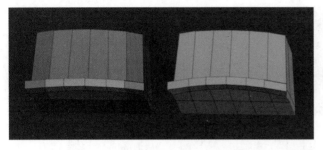

图　5.189

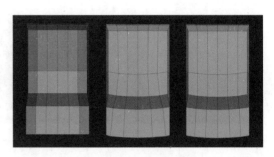

图　5.190

为模型应用反向遮罩,使用 Gizmo 移动模型的局部,然后使用弯曲变形器修改帽檐的造型。完成后清除遮罩,使用"滑动(点)"命令修改模型拓扑位置,如图 5.191 所示。

使用"插入(边)"命令为模型应用更多的环线,然后按 D 键预览光滑效果,如图 5.192 所示。

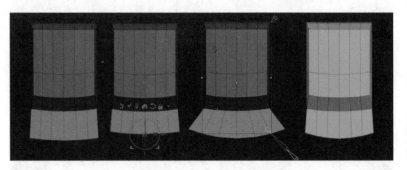

图　5.191

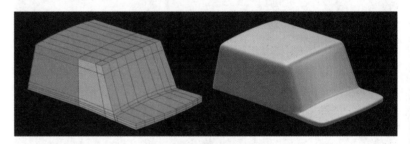

图　5.192

5.4.4　卡车底盘

切换到"QMesh(面)"命令,按住 Alt 键在模型上滑动,将其转换为临时组,在面上单击并拖动,挤出新的结构,如图 5.193 所示。

使用"插入(边)"命令增加更多的环线,然后使用"QMesh(面)"命令在模型上创建临时组,在面上单击并拖动以挤出结构。

图　5.193

卡车底盘

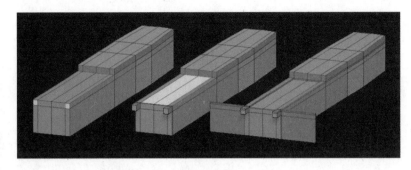

图　5.194

重复使用这个方法完成更多的结构（顶面和两侧），如图5.194所示。

使用"QMesh（面）"命令在模型上创建临时组，在面上单击并拖动挤出结构。切换到"滑动（边）"命令，目标设置为"边缘"，在边上拖动改变模型的造型，如图5.195所示，左图为创建临时组，中图为挤出新结构，右图为滑动边。

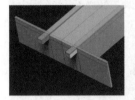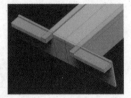

图　5.195

切换到"插入（边）"命令增加更多的环线，使用"QMesh（面）"命令在模型上创建临时组，在面上单击并拖动挤出结构，如图5.196所示，左图为增加环线并创建临时组，右图为挤出新结构。

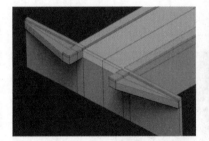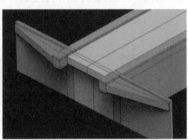

图　5.196

切换到"插入（边）"命令增加更多的环线，继续使用"QMesh（面）"命令在模型上创建临时组，然后在面上单击并拖动以挖空结构，如图5.197所示。

旋转模型到顶面，为模型应用遮罩。然后使用Gizmo缩放模型的前端。继续这个过程，处理效果如图5.198所示。

车底盘的完成效果如图5.199所示。

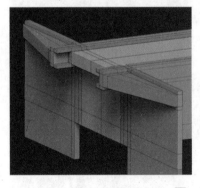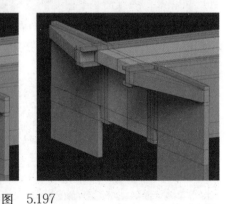

图　5.197

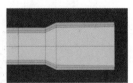

图　5.198

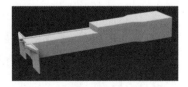

图　5.199

5.4.5　卡车车头

使用"QMesh（面）"命令在模型上创建临时组，然后在面上单击并拖动以挖空结构，如图5.200所示。

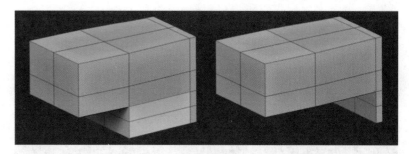

图　5.200

切换到"内插（面）"命令，目标设置为"多边形孤立"，修改器设置为"内插区域"，在面上单击并拖动以增加内插面，如图5.201所示。

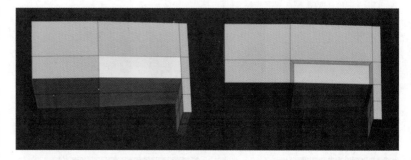

图　5.201

切换到"Transpose（边）"命令，目标设置为"边缘"，在模型上单击边将其他区域应用遮罩，使用Gizmo操作器向下移动模型的边，然后切换到"滑动（点）"命令，拖动点修改模型，如图5.202所示。

使用"插入（边）"命令增加更多的环线，然后切换到"折边（边）"命令，目标设置为"部分边缘环"，在模型的边上单击为底部应用折边效果。完成后关闭线框显示，按D键预览平滑效果，如图5.203所示。

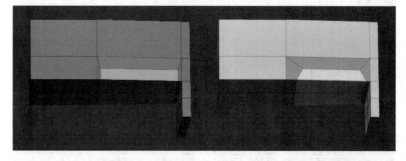

图　5.202

5.4.6　前轮上面的翼子板

在之前制作的基础模型上使用"插入（边）"命令，在模型上单击以增加更多的环线。使用"滑动（点）"命令，目标设置为"无穷XYZ"，在模型上单击并拖动调节点的位置。调节合适后切换到"删除（面）"命令，目标设置为"多边形组

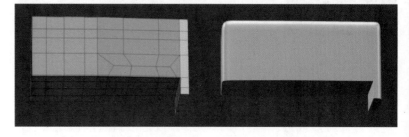

图　5.203

车头

翼子板

孤立",在模型上单击将多余的面删除。最后切换到"QMesh（面）"命令，在模型上单击并拖动以生成厚度，如图5.204所示。

注意：默认模型的面是翻转的，需要使用"翻转（面）"命令，将目标设置为"所有多边形"，单击模型将模型面的朝向修正。

使用遮罩配合Gizmo调节模型的形态，然后使用"滑动（点）"命令做一些微调，完成后为模型应用全局折边效果——在"工具"→"几何形"→"折边"子调板中设置"折边容差"为"45"，单击折边应用效果，如图5.205所示。

使用"QMesh（面）"命令，目标设置为"多边形组孤立"，在模型上单击滑动生成临时组，然后单击推动将这部分体积删除，

如图5.206所示。

使用"QMesh（面）"命令，目标设置为"多边形组孤立"，在模型上单击并滑动以生成临时组，然后切换到"删除（面）"命令，在模型上单击将临时组的面删除，再次使用"QMesh（面）"命令，在模型上单击并拖动以生成厚度。最后使用"翻转（面）"命令将模型面的朝向修正，如图5.207所示，左图为生成临时组，中图为删除面，右图为挤出厚度并修正面朝向。

使用"插入（边）"命令，在模型上单击以增加环线，如图5.208所示。接下来为模型应用新的颜色组，并基于它生成新的挤出结构。

使用"QMesh（面）"命令，目标设置为"多边形组孤立"，在模型上单击并滑动以生成临时组。这一过程中可以切换到"多边形组（面）"命令，目标设置为"多边形环和平面"，在模型上单击生成新的颜色组。注意，临时组也会同时应用颜色变化，如图5.209所示。

使用"多边形组（面）"命令，按住Alt键在模型上单击以生成新的临时组，然后单

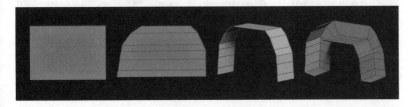

图 5.204

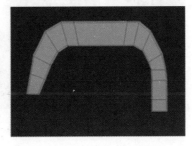

图 5.205

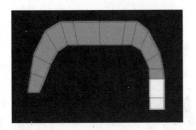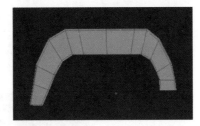

图 5.206

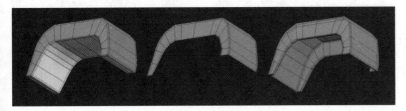

图 5.207

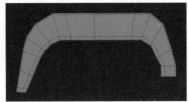

图 5.208

击临时组应用新的颜色组，如图 5.210 所示。

使用"QMesh（面）"命令挤出厚度，然后切换为"折边（边）"命令，目标设置为"完整边缘环"，单击模型的一条环线将折边消除。使用"插入（边）"命令在模型上增加环线来控制细分后的造型变化，完成后关闭线框显示，按 D 键预览光滑效果，如图 5.211 所示，左图为原模型，中图为挤出并删除折边，右图为增加环线并预览平滑效果。

至此，就完成了车头主体模型的制作，在下一节将制作剩下的小部件模型。

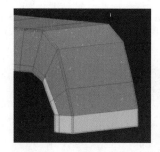
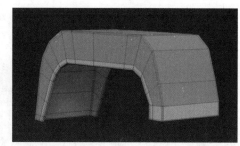

图　5.209

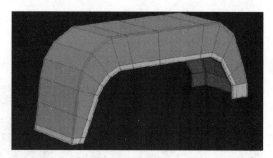

图　5.210

5.5　制作小部件

5.5.1　卡车烟囱

首先制作第一个小部件——卡车的烟囱。这个模型将使用插入笔刷转换为模型的流程。选择一个插入笔刷（Insert_Ngon Mesh_01），按 M 键从弹出的面板中选择 16（边数为 16 的圆柱），如图 5.212 所示。

注意：16 边的圆柱模型在开启动态细分（默认为 2 级）时就可以得到光滑的外观效果，8 边的圆柱则需要 4 级细

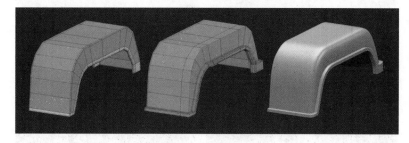

图　5.211

分才能完全平滑。

复制当前模型。展开"工具"→"几何形"→"修改拓扑"子调板，单击"从笔刷创建网格"按钮，当前在子工具列表中选择的模型将被圆柱替换。单击"工具"→"子工具"→"重命名"

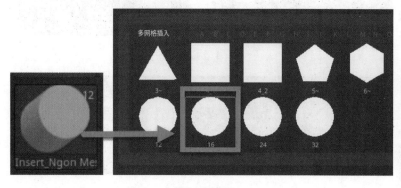

图　5.212

按钮，从弹出的面板中输入"烟囱"，按 Enter 键确认，模型将重新命名，如图 5.213 所示。

圆柱模型默认的尺度很大，可以使用 Gizmo 操作器对模型进行整体缩放。开启孤立显示，然后开启参考图，调节模型的位置与参考图匹配。继续使用 Gizmo 操作器调整模型的造型，完成后按 Q 键返回到绘制模式，选择 ZModeler 笔刷，切换到"插入（边）"命令，按住 Alt 键在模型上单击，将中线删除，然后增加更多的环线，如图 5.214 所示。

切换到"斜角（边）"命令，目标设置为"完整边缘环"，在

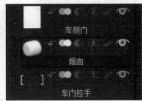

烟囱　　　　　　　　　　　图　5.213

图　5.214

图　5.215

图　5.216

模型上单击并拖拉将一条环线变为两条。完成后单击另一条环边，将它变为两条。接下来切换到"插入（边）"命令，在模型上增加更多的环线，在顶面增加一条环线，然后切换到"QMesh（面）"命令，目标设置为"多边形组内部"，在面上单击并拖动以挤出新的结构，如图 5.215 所示。

切换到"QMesh（面）"命令，按住 Alt 键在模型的顶面滑动，将其转换为临时组。在面上单击并拖动，这一过程中按 Ctrl 键将挤出效果变为复制临时组的面，然后继续挤出，如图 5.216 所示。

使用反向遮罩框选上面的圆柱，将其他部分都应用遮罩。使用 Gizmo 移动旋转圆柱。完成后清除遮罩，切换到"删除（面）"命令，将目标设置为"多边形组孤立"，分别单击两个圆柱的面将平面删除，如图 5.217 所示。

切换到"桥接（边）"命令，目标设置为"圆孔"，选项为圆弧，分别单击两个对象的边缘，然后左右拖拉确定桥接曲率，上下拖拉确定连接部分的分段数，完成后使用选择功能将上面的圆柱隐藏并删除。切换到"QMesh（面）"命令，目标设置为"多边形环"，在模型上单击并拖动以挤出新结构。单击其他部分应用同样高度的挤出效果，如图 5.218 所示。

使用同样的方法制作底部的导管。完成后使用"QMesh（面）"命令，目标设置为"所有多边形"，在模型上单击并拖动以挤出厚度，默认的挤出会产生面翻转的效果。可以切换到"翻面（面）"命令，目标设置为"所有多边形"，在模型上单击将模型恢复正常，如图 5.219 所示。

最后为模型应用折边效果。在"工具"→"几何形"→"折边"子调板中设置折边为 45，单击"折边"按钮应用折边效果。完成后按 D 键预览光滑效果，如图 5.220 所示。

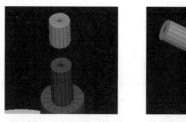

图　5.217

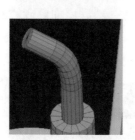
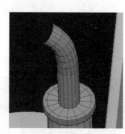

图　5.218

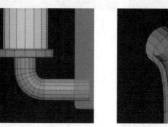

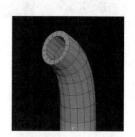

图　5.219

5.5.2　卡车油罐

油罐的基础模型将继续使用插入笔刷转换为模型的流程。选择插入笔刷（Insert_Ngon Mesh_01），按 M 键从面板中选择 16 边圆柱，复制当前模型，单击"从笔刷创建网格"按钮，使用圆柱替换复制模型，如图 5.221 所示。

使用 Gizmo 操作器对圆柱模型进行整体缩放。开启孤立显示，然后开启参考图，调节模型的位置与参考图匹配，切换到"QMesh（面）"命令，按住 Alt 键并在模型上单击，将其转换为临时组，如图 5.222 所示。

切换到"Transpose（面）"命令，目标设置为"多边形

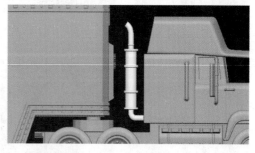

图　5.220

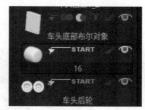

图　5.221　　　　　　　　　卡车油罐

组孤立"，在模型上单击面将其他区域应用遮罩，模型上将出现 Gizmo 操作器。按住 Alt 键单击"刷新"按钮将模型轴向摆正，

然后按住 Ctrl 键单击 Gizmo 操作器的蓝色箭头向左移动，产生水平挤出效果，如图 5.223 所示。

现在挤出部分的造型侧面都是倾斜的，需要用一个特殊的功能来快速得到想要的结果。

按住 Ctrl+Shift 组合键单击笔刷缩略图图标，从弹出的笔刷

面板中选择 SliceCurve 笔刷，如图 5.224 所示。这是将默认的 Ctrl+Shift 组合键激活的笔刷改为 SliceCurve 笔刷，在此之后按组合键时都将激活这个笔刷。接下来使用它为模型应用效果。

按住 Ctrl+Shift 组合键在模型上垂直拉出一条线，然后松开鼠标 / 手绘笔，可以看到划过的区域产生了新的布线。它的功能类似于"插入（边）"命令，但可以横跨多个对象应用效果，如图 5.225 所示。

完成后按住 Ctrl+Shift 组合键单击笔刷缩略图图标，从弹出的笔刷面板中选择 ClipCurve 笔刷，如图 5.226 所示，需要使用这个笔刷修改前面的倾斜效果。

按住 Ctrl+Shift 组合键在模型上垂直拉出一条线（一侧是阴影），然后松开鼠标 / 手绘笔，可以看到阴影区域那一侧的模型部分被切掉了。它的功能是基于绘制的直线 / 曲线方向生成一个投影平面，将处于阴影区域的面投影到这个平面上，从而产生类似剪切模型的效果，如图 5.227 所示。

图 5.222

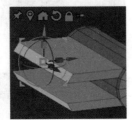

图 5.223

图 5.224

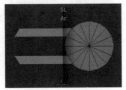

图 5.225

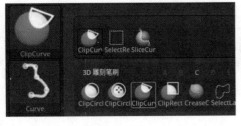

图 5.226

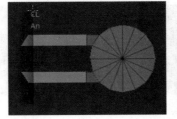
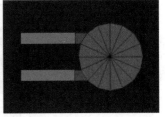

图 5.227

隐藏部分模型,然后删除隐藏部分。切换到"桥接(边)"命令,分别单击每个模型的两条边将其桥接,修改名称为"踏板",如图 5.228 所示。

切换到"插入(边)"命令以增加更多的环线,然后使用"QMesh(面)"命令,目标设置为"多边形环",在模型的面上单击并拖动以生成挤出结构,修改名称为"油罐",如图 5.229 所示。

切换到"斜角(边)"命令,目标设置为"完整边缘环",修改器设置为两行,为模型应用斜角效果。注意,小结构的斜角要小些,整体造型的斜角要宽些。接下来使用"插入(边)"命令以增加更多的环线,如图 5.230 所示。

按 D 键预览光滑效果,效果如图 5.231 所示。

复制踏板模型,修改名称为"装饰灯"。然后使用 Gizmo 调节模型,让模型位于踏板的前方,如图 5.232 所示。

接下来切换到"缩放(面)"命令,单击面进行缩放,如图 5.233 所示。

开启阵列网格,设置"重复"数值为"6",激活 Transpose 开关,使用动作线调节模型位置,如图 5.234 所示。

完成后的油桶模型效果,如图 5.235 所示。

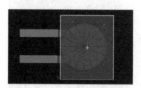

图 5.228

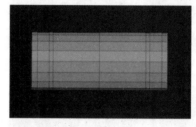
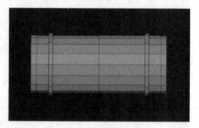

图 5.229

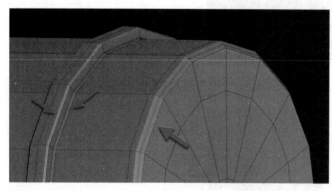

图 5.230

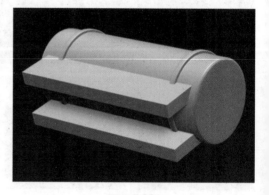

图 5.231

图 5.232

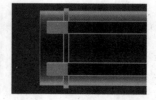
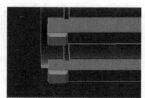

图 5.233

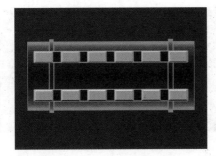

图 5.234

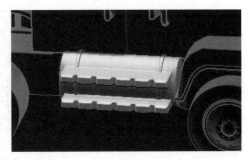

图 5.235

图 5.236

车把手

5.5.3 车把手

按 B 键弹出笔刷面板，按 I 键进行筛选，选择插入笔刷（IMM ModelKit），如图 5.236 所示。

按 M 键从弹出的面板中选择 Holds_6（把手），如图 5.237 所示。

复制休息室模型，然后在模型上拖拉出把手模型，持续拖拉可以放大把手模型。在拖拉过程中按住 Shift 键可以摆正模型。完成后按住 Ctrl+Shift 组合键单击把手模型，将休息室模型隐藏，按 Alt+D 组合键将隐藏模型删除。最后使用遮罩和 Gizmo 调节模型长度，如图 5.238 所示。

使用相同的做法制作另一个把手。注意，小的把手使用的是 Holds_4，如图 5.239 所示。

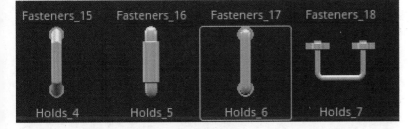

图 5.237

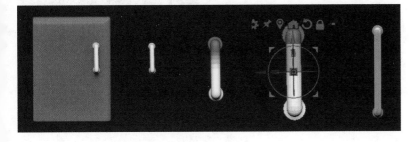

图 5.238

图 5.239

支架和固定部件

反光镜

5.5.4 反光镜

反光镜模型由支架、镜子和固定部件 3 个部分组成。首先来制作支架，这个模型可以基于 Holds_6 修改完成。

复制驾驶室模型，然后在模型上拖拉出 Holds_6 模型，使用遮罩和 Gizmo 调节模型长度。通常希望把手模型的连接处有更大的圆角造型，所以使用选择功能隐藏这个区域，然后将其删除。接下来切换到"桥接（边）"命令，目标设置为"两孔"，选项为"圆弧"，分别单击两个对象的边缘，然后左右拖拉确定桥接曲率，上下拖拉确定连接部分的分段数，如图 5.240 所示。

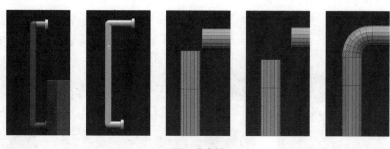

图　5.240

复制把手模型。切换到"斜角（边）"命令，目标设置为"完整边缘环"，在模型上单击拖拉，将一条环线变为两条。完成后单击另一条环边将它也变为两条。接下来切换到"多边形组（面）"命令，在模型上单击创建新的颜色组，然后将其他部分隐藏并删除，只保留粉红色颜色组，如图 5.241 所示。

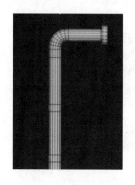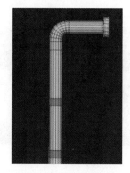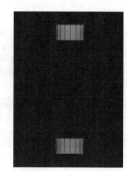

图　5.241

使用选择功能将多余部分隐藏并删除。使用"QMesh（面）"命令，目标设置为"多边形组孤立"，在模型上单击并拖动挤出厚度。然后为模型应用边缘控制——切换到"内插（面）"命令，将目标设置为"多边形环"，修改器为"内插区域"，在面上单击并拖拉产生两条循环边，对其他的面也做同样的处理，如图 5.242 所示。

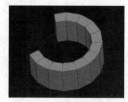

图　5.242

接下来制作镜子部分。从工具面板中选择 Plane3D 工具，

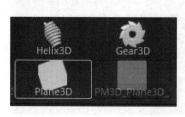

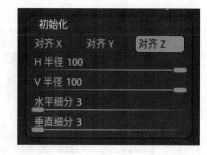

图　5.243

在"初始化"子调板中设置水平和垂直细分数值均为"3"，轴向设置为对齐到 Z 轴，如图 5.243 所示。

单击"生成 PolyMesh3D 工具"按钮生成多边形网格模型。开启 X 轴对称，切换到"插入（边）"命令，在模型上增加更多的环线，如图 5.244 所示。

使用"点（焊接）"命令，单击一个角的端点，然后单击旁

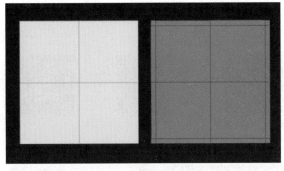

图 5.244

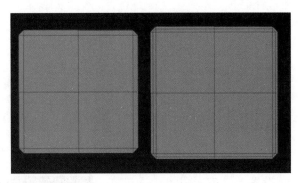

图 5.245

边的点将其焊接。接下来使用"插入（边）"命令在模型上增加一条环线，如图 5.245 所示。这种布线可以比直接细分得到更好的倒角效果。

使用"QMesh（面）"命令，目标设置为"多边形组孤立"，在模型上单击并拖动以挤出厚度。然后使用遮罩和 Gizmo 调节模型的造型，完成后使用"插入（边）"命令删除多余的环线，如图 5.246 所示。

图 5.246 所示。

使用"拉伸（面）"命令，按住 Alt 键在模型上单击生成临时组，然后单击拖动并向内挤出。切换到"内插（面）"命令为模型应用环边，如图 5.247 所示。

旋转模型到背面，使用"拉伸（面）"命令，目标设置为"平面孤立"，在面上拖拉产生挤出效果。接下来使用遮罩和 Gizmo 调节模型的造型，如图 5.248 所示。

按 D 键预览平滑效果，如图 5.249 所示。

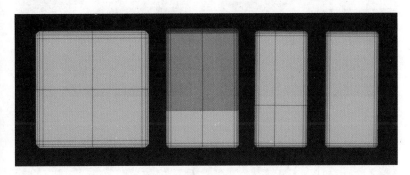

图 5.246

图 5.247

5.5.5 卡车标志牌和通风口

选择车头模型，向前拖拉历史滑块到基础模型，复制这个阶段的模型。注意，复制完成后要将车头模型的历史滑块拖到最终位置。使用选择功能隐藏多余的模型，然后将其删除。接下来制作倒角效果，先使用"斜角（边）"命令，目

图 5.248

图　5.249

通风口和标志牌　通风口布尔对象　通风口遮挡物

标设置为"完整边缘环"，单击边并拖动产生斜角效果，如图5.250所示。

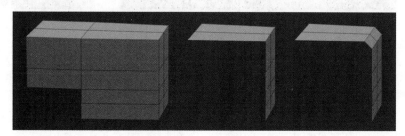

图　5.250

　　使用"插入（边）"命令，目标设置为"多边缘环"，修改器为"交互高程（度）"。在边上单击并向右拖动设置高度，上下拖动设置连接区域的分段数，可以看到已经生成了圆滑的倒角效果。使用"QMesh（面）"命令，目标设置为"所有多边形"，在面上单击并拖动生成厚度，如图5.251所示。

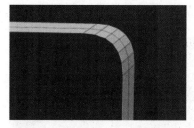
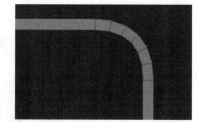

图　5.251

　　从顶视角可以看到，模型两侧的边是倾斜的，可以使用ClipCurve笔刷进行修正，如图5.252所示。注意，在操作时要开启*Z*轴对称。

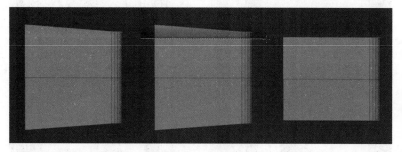

图　5.252

　　由于此时使用"插入（边）"命令生成的环线都带有倾斜角度，所以使用SliceCurve笔刷生成新的布线。使用"QMesh（面）"命令，目标设置为"多边形组孤立"，在面上单击并拖动将这部分体积挖掉，如图5.253所示。

　　使用"QMesh（面）"命令，在面上单击生成临时组，然后将其挖空，如图5.254所示。

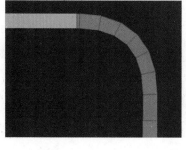
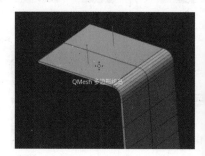

图　5.253

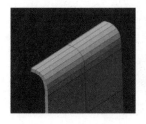  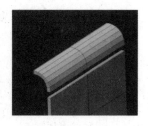 

图 5.254　　　　　　　　　　　图 5.255

复制模型，将原模型的下半部分隐藏并删除。切换到复制的模型，将模型的上半部分隐藏并删除。这个效果也可以使用分离

部件功能，但会破坏操作历史。接下来使用 Gizmo 微调模型，再为模型应用全局折边（折边容差为 45），按 D 键预览光滑效果，如图 5.255 所示。

通风口的基础模型完成，接下来制作布尔对象。

选择 IMM Boolean 笔刷，按 M 键从弹出的面板中选择 Indent，如图 5.256 所示。

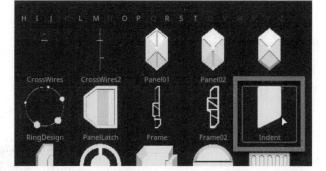

图 5.256

复制当前模型，然后使用 Indent 替换复制的模型，使用镜像焊接功能修改造型。

使用"插入（边）"命令删除多余的环线，然后使用镜像焊接——展开"工具"→"几何形"→"修改拓扑"子调板，将 Y 轴开关激活，单击"镜像焊接"按钮生成镜像效果，再使用"插入（边）"命令删除多余的环线，如图 5.257 所示。

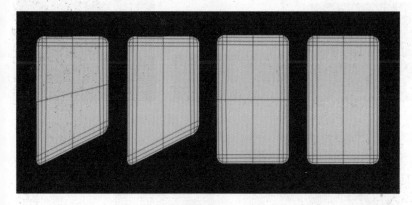

图 5.257

遮罩中线区域，使用 Gizmo 调整模型，效果如图 5.258 所示。

接下来在子工具列表中单击通风口模型的箭头图标，它将变为"箭头 +START"的效果，这表示布尔运算将从这个对象（通风口）开始，在列表中处于通风口下面的物体将可以对车

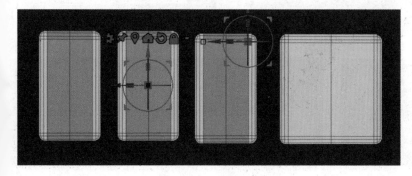

图 5.258

体模型应用布尔效果。现在将刚才制作的模型重命名为"通风口布尔对象",将布尔图标设置为第二个(相减模式),如图5.259所示。

关闭线框显示,这样在开启预览布尔渲染(位于灯箱按钮右侧)时就可以看到通风口减掉布尔对象的效果了,如图5.260所示。

接下来制作通风口的遮挡物。选择插入笔刷(Insert_Ngon Mesh_01),按M键从弹出的面板中选择12边圆柱,复制当前模型,然后使用圆柱替

换它。使用Gizmo调整模型比例和位置,如图5.261所示。

调整完成后使用阵列功能,数量设置为26,开启Transpose功能调节阵列对象的距离和长度,完成效果如图5.262所示。

5.5.6　防雾灯

防雾灯由灯座和灯罩组成,先来制作灯座。

复制当前模型,将其转换为一个立方体,如图5.263所示,然后使用Gizmo整体缩放模型。

使用Gizmo调节模型位置,然后压扁模型。切换到"内插(面)"命令,将目标设置为"多边形组孤立"在面上单击并拖拉产生内插结构。切换到"QMesh(面)"命令,在面上单击并拖动多次产生挤出效果,如图5.264所示。

旋转模型到底部,切换到"内插(面)"命令,在面上单击并拖拉产生内插结构。切换到"Transpose(面)"命令,目标设

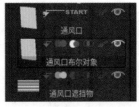

图　5.259

图　5.260

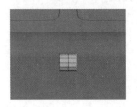
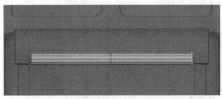

图　5.261

图　5.262

图　5.263

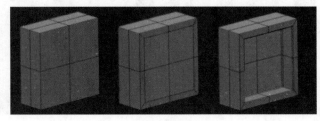

图　5.264

置为"多边形组孤立",在面上单击将其他区域遮罩,只保留中间的绿色组,如图 5.265 所示。

使用 Gizmo 缩放模型的局部,然后移动它的位置。按住 Ctrl 键拖拉产生挤出效果,切换到"插入(边)"命令,在挤出部分上增加两条用于控制边缘的环线,如图 5.266 所示。完成后清除遮罩。

灯座完成后制作灯罩。复制灯座模型,选择插入笔刷(IMM Primitives),按 M 键从弹出的面板中选择球体(Sphere 32),如图 5.267 所示。

将灯座模型的中心拖拉出来。按住 Ctrl+Shift 组合键单击球体,将灯座隐藏并删除。按住 Ctrl+Shift 组合键选择 ClipCurve 笔刷,从侧面切割模型。完成后使用 Gizmo 调节模型位置,如图 5.268 所示。

按 D 键预览光滑效果,如图 5.269 所示。

5.5.7 远光灯

远光灯是由灯座和灯罩组成,先制作灯座。

复制通风口模型,使用遮罩配合 Gizmo 缩放模型,合适时使用 Gizmo 调节模型厚度。最后使用"插入(边)"命令增

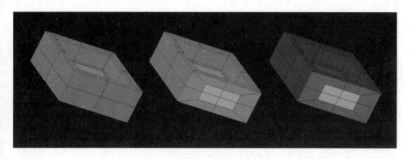

图 5.265

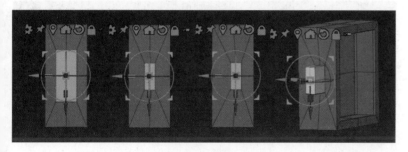

图 5.266

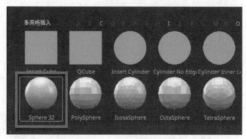

图 5.267

远光灯

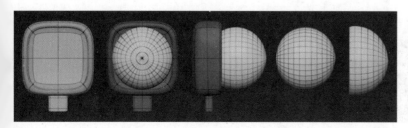

图 5.268

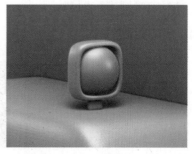

图 5.269

加更多的环线，控制细分时边缘的平滑度，如图 5.270 所示。

灯座正面是挖空的，使用布尔运算功能制作这个结构。先复制之前的灯座模型，继续使用遮罩配合 Gizmo 缩放模型，如图 5.271 所示。完成后清除遮罩。

使用 Gizmo 调节模型位置，至合适后将这个模型完全遮罩，然后按住 Ctrl 键拖拉 Gizmo 的蓝色箭头，生成复制模型，如图 5.272 所示。

使用 Gizmo 调节模型位置，完成后清除遮罩。在子工具列表中将刚才的模型重命名为"前车灯前面布尔对象"，然后将布尔类型设置为减集，如图 5.273 所示。

完成后开启灯箱右侧的"预览布尔渲染"开关，软件将生成布尔效果，如图 5.274 所示。

旋转模型到背面，可以看到布尔效果将灯座挖穿了，但灯座模型也透过了车头的模型，如图 5.275 所示。需要将多余的部分去掉，这里仍使用布尔对象的方式进行处理。

复制灯座模型，在子工具列表中将刚才的模型重新命名

为"前车灯背面布尔对象"。使用 Gizmo 调节模型位置和比例，然后开启灯箱右侧的"预览布尔渲染"开关，软件将生成布尔效果，如图 5.276 所示。

现在制作灯座的灯罩。选择前车灯前面布尔模型，向前拖拉历史滑块到使用 Gizmo 复制之前的一步，复制这个阶段的布尔模型，再将之前对象的历史记录复位。使用"插入（边）"命令，按住 Alt 键在复制模型上单击，将中心环线删除。将目标设置为"多边缘环"，在边上单击重新生成中心环线，然后使用 Gizmo 调

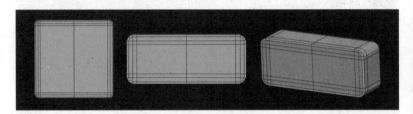

图 5.270

图 5.271

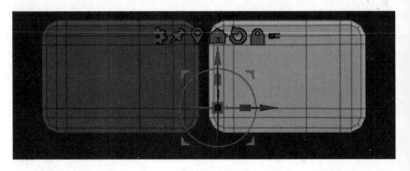

图 5.272

图 5.273

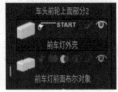

图 5.274

图 5.275　　　　　　　　　　　　图 5.276

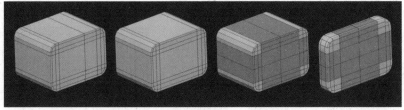

图 5.277

图 5.278

整模型厚度。完成后将目标设置为"单边缘环"，在侧面的边上单击生成更多的环线，如图 5.277 所示。

完成后按 Ctrl+Shift+D 组合键复制当前工具，使用 Gizmo 调整模型的位置，如图 5.278 所示。

然后使用"插入（边）"命令增加更多的环线，再使用"滑动（点）"命令，目标设置为"无穷 XYZ"，滑动模型两侧的点来改变模型的造型，如图 5.279 所示。

由于保险杠是一个壳体，所以需要挖空模型。先使用"插入（边）"命令为模型增加两条环线。切换到"QMesh（面）"命令在模型上生成临时组，然后向下挤压挖空这部分，最后在模型底部增加一条环线，如图 5.280 所示。

旋转模型到顶面，为模型的角落应用遮罩，然后使用 Gizmo

5.5.8　保险杠

保险杠由主体和布尔对象组成，首先制作保险杠的主体。

复制当前模型，将它转换为一个立方体。接下来使用 Gizmo 压扁模型。切换到"插入（边）"命令删除横向的中线，继续使用 Gizmo 缩减模型厚度，

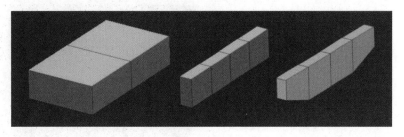

图 5.279

保险杠

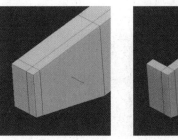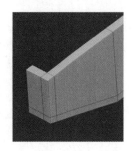

图 5.280

调节模型。完成后清除遮罩，切换到"桥接（点）"命令，单击两个点形成一条新的连线，对顶面和底面都做相同的处理，如图 5.281 所示。

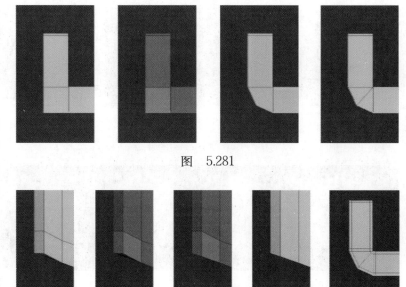

图　5.281

刚才的调节使模型的局部出现了一些瑕疵，所以需要对其进行修正。为模型的局部应用遮罩，然后使用 Gizmo 调节模型。完成后清除遮罩，使用"插入（边）"命令，按住 Alt 键在模型上单击将底部环线删除。最后旋转模型到顶面增加更多控制边缘的环线，如图 5.282 所示。

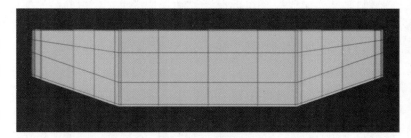

图　5.282

使用"插入（边）"命令为模型增加更多的环线（包括控制边缘的环线），如图 5.283 所示。

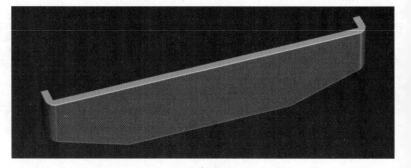

图　5.283

按 D 键预览光滑效果，如图 5.284 所示。

接下来制作保险杠的布尔对象。

按 B 键弹出笔刷面板，按 I 键进行筛选。选择插入笔刷（IMM Primitives），按 M 键从弹出的面板中选择 Cylinder Extended（圆柱扩展）。复制当前模型，单击"从笔刷创建网格"按钮，将复制模型替换为圆柱扩展模型，如图 5.285 所示。

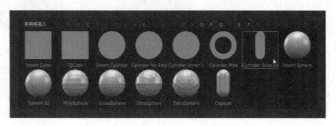

接下来孤立显示模型，使用 Gizmo 操作器调整模型的比例、位置和方向。使用"插入（边）"命令，目标设置为"多边缘环"，在模型上单击增加一条中线，然后使用遮罩

图　5.284

图　5.285

保护中线区域，如图 5.286 所示，左图为添加中线，右图为应用遮罩。

接下来修改模型的长度。按 W 键激活 Gizmo 操作器，默认它位于模型中心，按住 Alt 键单击右侧圆心，将 Gizmo 操作器设置到这个位置，如图 5.287 所示。

拖动蓝色箭头以增加模型的长度，完成后清除遮罩，如图 5.288 所示。

切换到"斜角（边）"命令，在模型的中线上单击并拖动将它变为两条线。使用"QMesh（面）"命令，目标设置为"多边形组孤立"，在模型上生成临时组，然后单击并拖动将这部分挖空，如图 5.289 所示。

开启透明显示，使用 Gizmo 操作器调整模型的位置。完成后关闭透明显示，开启"预览布尔渲染"开关，软件将生成布尔效果，如图 5.290 所示。

5.5.9 车厢布尔结构

这个部件的制作流程和保险杠的布尔对象是相同的，所以在这里就不再赘述了，直接看一下处理结果即可，如图 5.291 所示。

开启阵列功能，设置数量为 8，使用动作线调节阵列模型的位置。完成后开启"预览布尔渲染"开关，软件生成布尔效果，如图 5.292 所示。

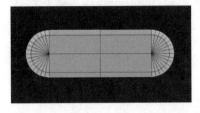
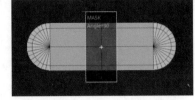

图　5.286

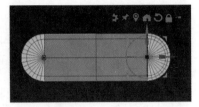

图　5.287

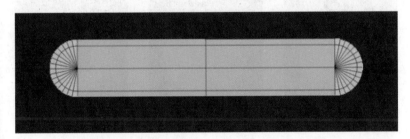

图　5.288

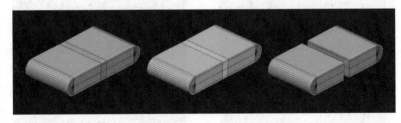

图　5.289

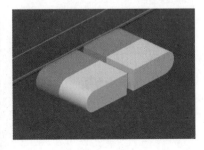

图　5.290

车厢布尔对象

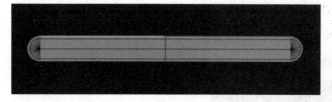

图　5.291

图　5.292

5.5.10　车头和车厢的连接部件

连接部件由两个模型构成：一个是圆形的卡槽；另一个是圆柱形的固定装置。首先制作圆形卡槽部分。

选择插入笔刷（Insert_Ngon Mesh_01）中的16边圆柱，复制当前模型，使用圆柱替换复制模型。接下来开启Y轴对称，使用"插入（边）"命令增加更多的环线，完成后关闭对称。切换到"QMesh（面）"命令，目标设置为"多边形环"，在面上单击向内拖动挤出新的结构。在中心区域继续拖动将其挖空，如图5.293所示。

在环形区域单击拖动，这一过程中按Shift键将挤出变为移动操作，如图5.294所示。

接下来制作布尔对象。复制模型将其转换为一个立方体，使用Gizmo调节模型位置和比例，为模型顶部应用反向

遮罩，然后使用Gizmo调节模型。使用"插入（边）"命令删除多余的环线。旋转模型到顶面，使用SliceCurve笔刷切割模型，如图5.295所示，左图为Gizmo调节模型，右图为在顶面切割模型生成新布线。

由于这个功能不能对称应用效果，需要使用镜像焊接功能产生对称的拓扑——展开"工具"→"几何形"→"修改拓扑"子调板，将Z轴开关激活，单击"镜像焊接"按钮，如图5.296所示。

使用"QMesh（面）"命令，在面上单击并拖动挤出新的结构。开启布尔开关，观察效果，如图5.297所示。

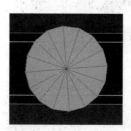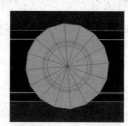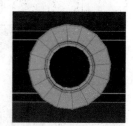

图　5.293

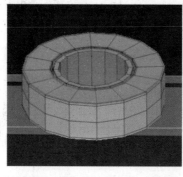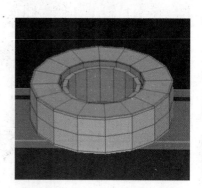

图　5.294

圆形卡槽　　固定装置

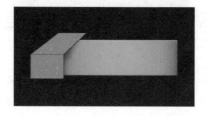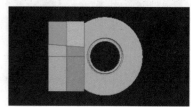

图　5.295

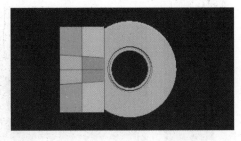

图　5.296

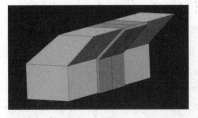

图　5.297

图　5.298

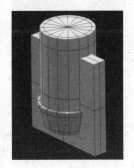

图　5.299

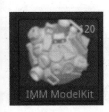

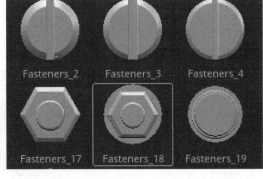

图　5.300

接下来制作圆柱形的固定装置。

选择之前的圆形卡槽模型，拖拉历史滑块到初始圆柱的位置，复制模型并使用Gizmo调节模型位置和比例。使用"插入（边）"命令增加一条环线，然后使用"QMesh（面）"命令挤出新的结构。使用遮罩和Gizmo调节模型形体，之后使用"插入（边）"命令为模型边缘增加更多的环线，如图5.298所示。

注意：要将源模型的历史记录恢复到原始位置。

复制模型将其转换为一个立方体，使用Gizmo调节模型位置和比例。开启布尔开关，从45°和侧面观察模型效果，如图5.299所示。

5.5.11　轮胎的螺栓和孔洞细节

首先处理轮胎的螺栓部件。选择插入笔刷（IMM ModelKit），按M键从弹出的面板中选择Fasteners_18，如图5.300所示。

复制轮胎模型，开启Z轴对称和径向对称，然后设置径

轮胎螺栓　　　　前轮孔洞

图　5.301

图　5.302

向对称的数量为10，如图5.301所示。

激活局部对称开关，将光标滑动到轮胎模型上，可以看到有10个操作点，如图5.302所示。

在轮胎上单击拖动，螺栓就放置到单击位置了。可以看到默认的比例比较大，如图5.303所示。

可以使用Gizmo缩小或移动模型，如图5.304所示。

现在需要把复制的轮胎模型删除，只保留螺栓。注意，如果按照以前的方法隐藏轮胎然后删除，会发现螺栓模型无法保持之前的位置，彼此的距离会缩小很多，如图5.305所示。因此，需要在确认不再修改时将模型阵列网格的效果固化。

在使用阵列生成最终的网格模型时（图5.306），发现模型上产生了一些错误，如图5.307所示。而且当前的阵列模型有两个阶段（也可能更多），如果应用阵列的模型比较多，处理起来就有些烦琐，所以使用插件来解决这两个问题。

图　5.303

图　5.304

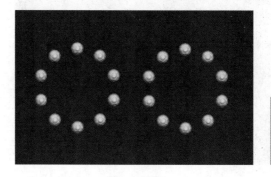

图　5.305

图　5.306

在插件（ZPlugin）调板中展开 DRust Tools 子调板，在子工具中找到 Array To Geo 按钮，单击它可以将可见对象的阵列网格全部固化，操作非常快捷方便。由于只要处理当前对象，所以可以复制（子工具）当前子工具，将其粘贴到工具面板中的另一个工具中单独处理。例如，选择六角星模型，这等于新建一个子物体，然后将复制对象粘贴进去就可以单独处理了。

注意：这里的复制操作是复制到内存中而不是在子工具列表中复制一个新对象，如图 5.308 所示。

图 5.309 所示是插件执行后的结果，可以看到已经没有网格错误了。

注意：将 DrustTools（插件）放 到 C:\ProgramFile\Pixologic\ZBrush 2019\Zstartup\Zplugs 64 中。

按住 Ctrl+Shift 组合键单击螺栓，将轮胎隐藏并删除，如图 5.310 所示。

接下来将制作轮胎钢圈上的孔洞结构，这里要使用布尔运算功能。

选择插入笔刷（Insert_Ngon Mesh_01），按 M 键从弹出的面板中选择 16 边的圆柱。复制轮胎，然后从模型中拖拉出来，使用 Gizmo 缩小或移动模型，

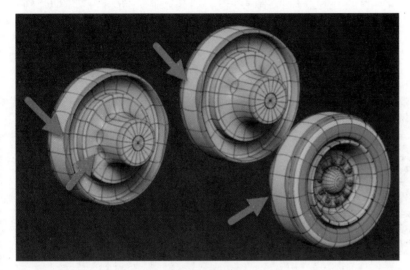

图　5.307

图　5.308

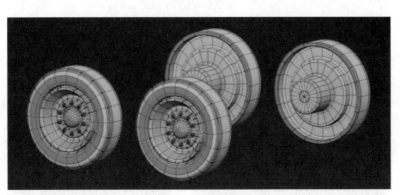

图　5.309

DrustTools（插件）

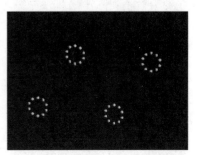

图　5.310

方法与制作螺栓类似。调整合适后同样使用插件将阵列效果固化,效果如图5.311所示。

在子工具列表中将轮胎设置为起始,将圆柱的布尔图标设置为第二个(相减模式),然后关闭线框显示,开启预览布尔渲染,效果如图5.312所示。

接下来使用相同的方法处理其他轮胎,效果如图5.313所示。

由于前轮的钢圈结构有些特殊,而ZBrush的布尔运算不能将一个实时布尔结果作为另一个主体的布尔对象,所以这里需要使用两次布尔运算实现最终的结果:第一次调节并生成结构模型;第二次利用这个模型对轮胎进行布尔运算。

复制前轮模型,粘贴到六角星模型中单独处理。将多余的部分删除只保留中间的钢圈部分。注意,需要将模型的背面封闭,可以使用"关闭(边)"命令,目标设置为"凸孔",在边上单击将其封闭。按D键预览光滑效果,如图5.314所示。

在子工具列表中复制一个钢圈模型。选择16边圆柱,使用

图 5.311

图 5.312

图 5.313

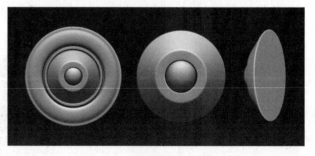
图 5.314

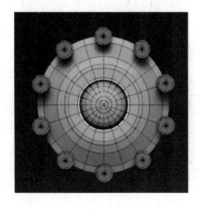

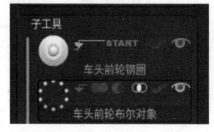

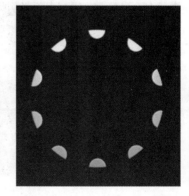

图 5.315

径向对称插入圆柱，使用 Gizmo 调节合适后将钢圈隐藏并删除。为圆柱应用折边，按 D 键预览光滑效果。在子工具列表中将轮胎设置为起始，将圆柱的布尔图标设置为第三个（相交模式）。关闭线框显示，开启"预览布尔渲染"，效果如图 5.315 所示。

接下来单击"工具"→"子工具"→"布尔运算"子调板，激活 DSDiv 开关，单击"生成布尔网格"按钮，生成一个新的布尔模型，效果如图 5.316 所示。

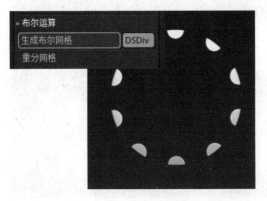

图　5.316

图　5.317

图　5.318

注意：生成的布尔模型的名字将以 Umesh_ 开头。开启线框显示，可以看到布尔网格是使用三角面在模型交界处进行连接，而其他区域则尽量保持和布尔运算之前相似的拓扑。

提示：激活 DSDiv 开关可以将模型当前的细分状态也参与到布尔运算中，这样生成的布尔模型就可以得到光滑的表面。默认的细分数值为 2，可以看到模型即使应用了光滑细分也并没有完全平滑，所以需要提高模型的细分数值，直至模型在视觉上平滑为止，这样生成的结果才是理想的布尔模型，效果如图 5.317 所示。

接下来将复制生成的布尔模型（结构模型）粘贴到之前的模型列表中。将布尔模型的布尔图标设置为第二个（相减模式），然后关闭线框显示，开启"预览布尔渲染"，效果如图 5.318 所示。至此就得到了需要的模型。

5.5.12　车顶灯

选择插入笔刷（Insert_Ngon Mesh_01）中的 8 边圆柱，复制当前模型，使用圆柱替换

车顶灯

复制模型。然后使用 Gizmo 调节模型的比例、方向和位置。再切换到"插入（边）"命令删除中间的环线，最后在其他位置增加两条环线，如图 5.319 所示。

旋转模型到前视角，增加一条环线，然后为模型创建一个白色临时组。切换到"删除（面）"命令，单击白色组将其删除，然后旋转到后面将粉绿色组的面删除，如图 5.320 所示。

切换到"关闭（边）"命令，将目标设置为"凸孔"，选项为"圆"，在模型前面的孔洞边上单击并拖拉生成凸起效果。使用同样的方法处理后面的结构，如图 5.321 所示。

切换到"斜角（边）"命令，将目标设置为"完整边缘环"，修改器设置为"两行"，为模型添加斜角效果。完成后切换到"缩放（边）"命令，目标设置为"完整边缘环"，缩放黄色组的环边，如图 5.322 所示。

这样就完成了车顶灯的模型。接下来使用阵列功能生成

一个镜像模型，然后复制车顶灯模型，使用 Gizmo 调节模型位置，最终得到 4 个车顶灯模型，如图 5.323 所示。

图　5.319

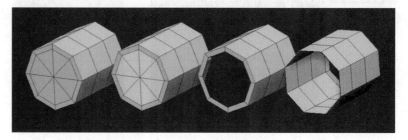

图　5.320

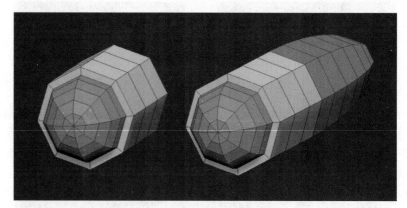

图　5.321

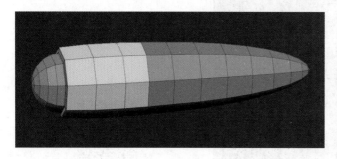

图　5.322

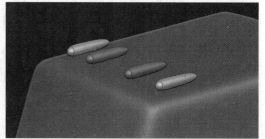

图　5.323

5.5.13 卡车轴承

首先在车轮内侧增加环线，然后向内挤出，最后在边缘添加更多的环线，如图 5.324 所示。

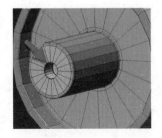 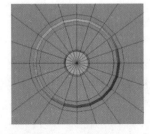

图 5.324 　　　　　　　　卡车轴承

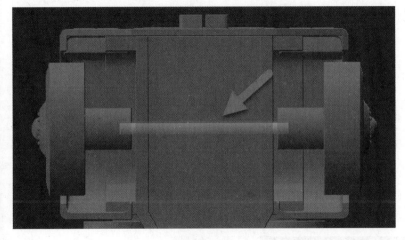

图 5.325

图 5.326

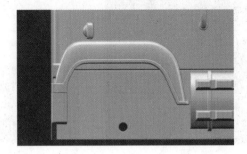

复制前轮模型，使用选择功能选择黄色组，将隐藏模型删除，然后使用"QMesh（面）"命令，开启对称将模型挤出厚度，再延长至中间位置自动融合，如图 5.325 所示。注意，它的深度要比前轮的凹洞结构浅些。

为模型的边缘应用更多的环线，然后复制轴承模型，使用 Gizmo 将其变粗一点。激活卡车底盘模型开始图标，将复制的轴承模型命名为"底盘布尔对象_01"，将布尔类型设置为减集，开启布尔预览，如图 5.326 所示。

使用相同的方法处理其他的轴承和布尔对象。

5.5.14 卡车标志

这是一个字体的标志，并且字体有些特殊，所以作者在网络上搜索了一个近似的字体，在使用前需要将它安装到系统中。在"开始"菜单下面的搜索框中输入"字体"，将显示出与字体相关的内容。选择"字体"这一项，单击进入设置，如图 5.327 所示。

将下载的字体拖动到弹出

标志　　　　　输出到 Keyshot
　　　　　　　中快速渲染

图 5.327

的面板中，如图 5.328 所示。安装成功后启动 ZBrush 软件。

制作字体模型需要使用一个内置插件。将 ZPlugin 调板在托盘上打开，找到 Text3D 子调板将其展开，单击"新建文本"按钮，从弹出的面板中输入 MACK 字体，按 Enter 键，此时视图中将生成一个 3D 的字体模型，如图 5.329 所示。

单击"字体"按钮弹出字体列表，拖动右侧的滑块找到 Gotthard 并选中，如图 5.330 所示。

此时视图中的模型随之改变为不同的字体风格，如图 5.331 所示。

接下来为模型应用斜角，设置及其效果如图 5.332 所示。

默认生成的模型比例很大，可以使用 Gizmo 进行缩放，然后调整方向和位置，效果如图 5.333 所示。

至此就完成了卡车模型的制作。

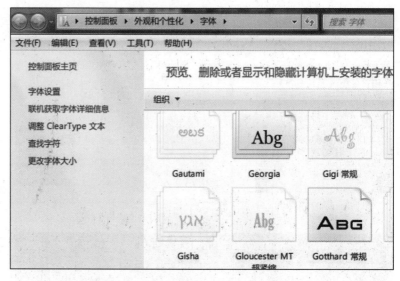

图 5.328

图 5.329

图 5.330

图 5.331

图 5.332

图 5.333

第

6

章

CHAPTER

创建生物角色模型

6.1 ZBrush 中角色造型功能的发展历程

本章将介绍 ZBrush 软件的角色建模功能及其相关知识。

与硬表面功能类似，ZBrush 软件在漫长的发展历程中研发了无数充满创意的角色建模功能，而这些功能也随着版本更迭不断地发展变化。这个过程也展现了 ZBrush 软件在发展理念上的升级。

ZBrush 软件的角色建模功能可以分为两个类别，即造型创建工具和造型细化工具。前者主要是指 ZSphere、ZSketch、Dynamesh（动态网格）等；后者主要是指与雕刻相关的功能。接下来将逐一了解这些工具，首先介绍造型创建工具。

6.1.1 ZSphere 工具

历数 ZBrush 的建模功能，ZSphere（也被称为 Z 球）是第一个具有开创性的工具，其后的很多工具都是在它的基础上发展而成的。Z 球是一种特殊的建模方式，用户可以使用虚拟的球体组成链状结构，然后对球体的位置、大小和方向进行调整，从而构建出一个概括的造型。Z 球模型随时可以切换为多边形网格模型。

注意：切换网格（按 A 键）的过程也称为预览蒙皮网格。这是一个临时状态，可以让用户观察 Z 球生成的网格效果，如果不满意，用户也可以随时返回到 Z 球状态，继续调节 Z 球的形态，直至得到预期的效果，如图 6.1 所示。

Z 球工具摆脱了传统建模软件使用点、线和面（类似 ZModeler 笔刷）创建造型（基础网格）的思路，用户可以使用 Z 球快速生成一个角色的基础造型，这种"傻瓜式"的建模造型方式非常适合没有 3D 基础的艺术家学习和使用。Z 球模型完成后可以将它转换为多边形网格模型，此时就可以使用雕刻功能为模型增加更多的细节。在雕刻完成后，还可以使用 Z 球作为骨架对模型进行姿势调节，如图 6.2 所示。

ZSphere 是 ZBrush 软件中第一个全能型的建模工具，可以用它制作各种类型的物体，如生物、机械飞船、植物、武器等，如图 6.3 所示。

图 6.3 展示的是 ZBrush 3.5 版本之前的 Z 球模型和转换的网格物体。这个时期的 Z 球被称为第一代 Z 球，除了生成常规的网

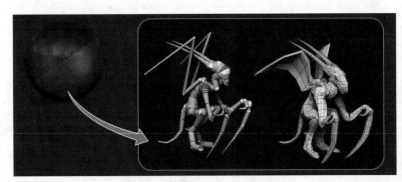

图　6.1

图　6.2

格造型外，它还能将一段 Z 球变为半透明的"引力球"，这些引力球可以在转换为网格时对周围的网格产生吸引效果，大一些的引力球可以用于产生局部形变（如图 6.3 中角色的足部或头冠），小一些的引力球可以配合 Z 球的蒙皮设置生成皮膜效果（如制作叶片、翅膀等），如图 6.4 所示。

图　6.3

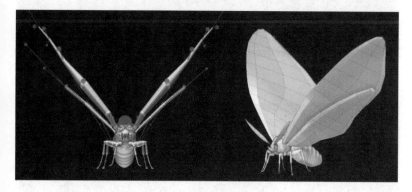

图　6.4

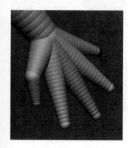

图　6.5

提示：第一代 Z 球有两种生成网格的方式：一种是常用的自适应蒙皮网格；还有一种是极少使用的统一蒙皮方式，这种方式通常与 ZSketch 功能一起使用，将在后面的章节中介绍。

第一代 Z 球虽然很强大，但也有一些缺点。首先，它不能在单一 Z 球上添加太多的肢节，比如做一只手如果直接加 5 个肢节，在预览网格时会出现网格交叠，这种交叠的网格对于后续雕刻处理也是有影响的；其次，预览的蒙皮网格和 Z 球模型的体积不同，预览网格会更大些，这样就需要在两个模式下来回切换观察并调节 Z 球的比例，这会影响操作体验和制作效率。所以，在 ZBrush 3.5 版本中增加了第二代 Z 球专门解决上述问题。

下面是关于第二代 Z 球的知识。第二代 Z 球在外观上并没有变化，但它总结了第一代 Z 球在生成网格时出现的各种问题，采用了全新的算法进行修正，主要体现在 3 个方面。

❶ 在一个 Z 球上创建多个球链，预览网格时可以避免生成网格交叠，如图 6.5 所示。左图是 Z 球，中图是 3.5 版的自适应蒙皮网格效果，右图是之前版本的蒙皮网格效果。

可以看到，中间的蒙皮网格没有网格交叠，而之前版本的网格在中间区域一个面上延伸出 3 个网格肢节，很明显产生了网格交叠。

❷ 在预览网格时软件将基于 Z 球结构体生成高精准的网格模型以及规整的拓扑网格。因此，用户可以用第二代 Z 球更高效也更随心所欲地制作复杂的造型，如图 6.6 所示。

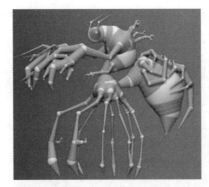

图　6.6

从图 6.6 中可以看到，新的蒙皮算法所生成的网格在体积上和 Z 球相同，但它不能生成柔和的形态变化（都是直的肢节）。如果需要柔和造型，用户在转换网格后还需要手动修正造型。

提示：第二代 Z 球在 3.5 版本默认使用自适应蒙皮算法生成网格模型，但到了 R8 版本默认将把 Z 球模型转化为 DynaMesh（动态网格），生成的网格造型与 Z 球形态非常接近，而且还较为平滑柔和，如图 6.7 所示。

注意：关于 DynaMesh（动态网格）的详细内容可参看 6.1.3 小节。

❸ 这样生成的多边形网格其密度也更加均匀，在雕刻时也更易使用，如图 6.8 所示。如果想使用之前的自适应蒙皮算法，可以将自适应蒙皮里的 DynaMesh 选项关闭，设置 DynaMesh 分辨率为 0。

图　6.7

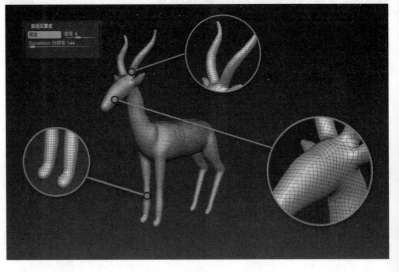

图　6.8

图 6.9

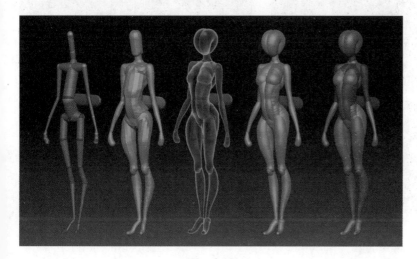

图 6.10

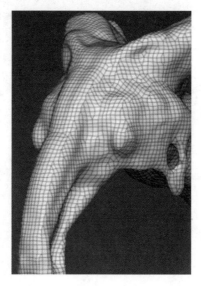

图 6.11

小结

ZBrush 软件早期的建模方式很少，而 Z 球是一个设计很巧妙的工具，它兼顾了实用性和灵活性。虽然并不像后续版本的某些功能那样强大，但从 3.5 版本开始，伴随着第二代 Z 球的诞生，软件的建模理念开始向更加自由、更富有创造性的方向快速发展。通常把这个时期称为概念设计方向的原始阶段，即 1.0 版本，ZSketch 就是在这个时期推出的第一个"概念设计类工具"。这是一个构建于 Z 球之上的功能，艺术家可以使用它快速创作出独特且富有个性的形象，如图 6.9 所示。

6.1.2 ZSketch 工具

ZSketch 是一种基于 Z 球衍生的功能，它可以生成柔软的体积，操作的感受与现实中雕塑时所使用的黏土条类似。用户可以通过在 Z 球或网格模型上涂抹 ZSketch 构造出新的造型。还可以使用专用的 ZSketch 笔刷进行造型修饰，从而自由地创建出各种造型形态，如图 6.10 所示。

提示：ZSketch 类似于 Z 球，在按 A 键时，会在预览模式下看到一个蒙皮网格模型。区别在于 ZSketch 使用统一蒙皮算法生成网格模型，也就是更接近于动态网格的布线效果，如图 6.11 所示。

ZSketch 可以使用 ZSphere 作为骨架, 对附着其上的 ZSketch 形体进行绑定约束, 而且在姿势调节时它可以形成自然的形体变化, 就像生物的肌肉伸缩状态, 如图 6.12 所示。图中背景展示了 ZSketch 的专用笔刷。

提示: 与 Z 球相比, ZSketch 不仅可以生成粗略的基础造型, 还能用于制作复杂的造型细节。和 Z 球一样, ZSketch 也可以在需要时转换为用于雕刻的网格模型 (统一蒙皮), 然后继续雕刻细化造型。

图 6.13 所示是一幅使用 ZSketch 制作的作品。

除了上面展示的常规类型作品外, ZSketch 还能制作特殊类型的作品, 如图 6.14 所示。

从上面的介绍已经了解了 ZSketch 的特点和优势, 所以在 3.5

图 6.12

图 6.13

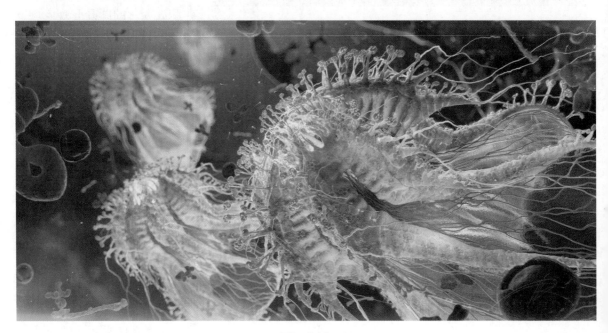

图 6.14

版本之后的几年内有众多的艺术家在使用这项技术进行创作，直到更强大的 DynaMesh（动态网格）技术的出现。

6.1.3 DynaMesh 工具

ZBrush 4R2 版本增加了一个具有革命性的功能——DynaMesh（动态网格）。它实现了快速设计的能力，使模型的制作流程再一次发生剧变，让 ZBrush 进入了概念设计 2.0 时代——黏土创意阶段，从此概念艺术的创作过程变得更有趣味也更加简单了。

图 6.15 展示了将一个球体转换为动态网格，然后快速雕刻衍生出多个形象的结果。

图 6.15 展示了动态网格的应用效果，接下来了解一下它的设计理念。

在之前的版本，每当用户想要随心所欲地创造雕塑形态时往往会受限于当前的网格拓扑而难以扩展——大幅度改变造型会使网格的多边形产生拉伸（图 6.16 的左图效果），网格密度也因此变得很不均匀。如果对这样的模型区域进行雕刻，就会发现难以

添加细节，因为雕刻细节需要有足够的网格密度，而网格拓扑在雕刻作用下产生拉伸，网格密度就不足以承接这些雕刻细节。

自从有了动态网格功能，用户在模型上雕刻造型后启用它就可以瞬间根据当前的造型产生一个新的多边形分布均匀的模型（图 6.16 的右图效果），这就解决了传统方法在进行雕刻时产生的网格拉伸现象，这样在持续进行雕刻工作的过程中，用户只需将精力集中在处理模型的外观效果上，而无须担心模型的多边形拓扑结构。这种体验非常接近于现实中艺术家使用雕塑泥进行造型制作，因此动态网格又称为"数字黏土"工具。

通过使用动态网格功能，艺术家可以自由地对模型进行雕刻变形，并随时对模型的网格结构进行优化。用户甚至可以从一个球体开始，使用雕刻笔刷制作出整个角色模型，如图 6.17 和图 6.18 所示。艺术创作也由此变得更加随心所欲了。

这种全新的、快速的、灵活的造型制作流程不仅适用于有机造型，也适用于机械造型（这部分在 4.1 节中已经介绍过），从而再次证明 ZBrush 软件确实是艺术家的首选工具。

除了更新网格拓扑功能外，动态网格还具有布尔运算

图 6.15

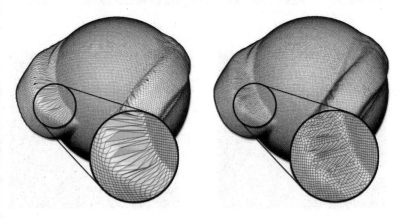

图 6.16

（加、减和相交）的能力，配合 Insert Mesh（插入网格）笔刷可以将任何现有的模型作为插入对象摆放到当前模型上，然后可以将它融合或是用它在模型上挖洞，从而生成全新的造型。图 6.19 和图 6.20 展示了在模型上融合和挖洞的效果。

此外，动态网格还可以配合 R2 版本新增的 Slice（切割）笔刷，自由地切割模型的表面结构，并生成分离的实体模型，如图 6.21 所示。

图　6.17

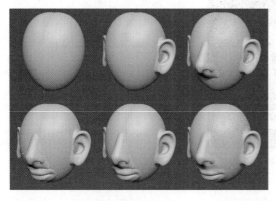

图　6.19

图　6.18

图　6.20

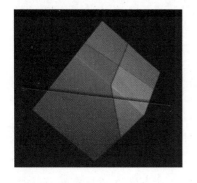

图　6.21

为了拓展动态网格的应用范围，ZBrush 4R2 还提供了一套功能强大的新建模工具与之配合，即曲线模式与相应的新笔刷预设，如图 6.22 所示。这些功能可以让用户大胆地展示自己的创意，达到更高的自由度。

曲线类笔刷有很多类型，如 CurveLathe、CurveTube、CurveFill 和 CurveSurface 等，这里介绍 3 个较为常用的曲线类笔刷。

❶ 使用 CurveLathe（曲线车削）笔刷可以根据笔刷绘制的曲线进行绕旋来生成模型。在绘制出曲线后可以对其进行调整，由其绕旋形成的模型也将实时更新，如图 6.23 所示。这是一种全新的建模方式，操作简单、直观，可以让用户在几秒钟内快速创建出一个基础网格模型。

❷ 使用 CurveTube（曲线管子）笔刷可以沿着绘制的曲线路径生成一个管状物体。用户可以沿着模型的表面绘制出曲线或是从模型内向外绘制曲线，在转换成网格模型前也可以随时修改该曲线，如图 6.24 所示。

用户还可以调节笔触调板的曲线图设置来控制在曲线长度内的造型变化，从而快速生成角、头发、手臂和手指等模型效果，如图 6.25 所示。

❸ 使用 CurveFill（曲线填充）笔刷可以快速绘出一个封闭的形状曲线，在释放鼠标后由其生成新的挤压模型。这个笔刷可以用于生成角色的翅膀或是尾鳍，图 6.26 展示了使用该笔刷制作的模型。

图 6.27 和图 6.28 是使用动态网格和曲线笔刷完成的作品。

图 6.22

图 6.23

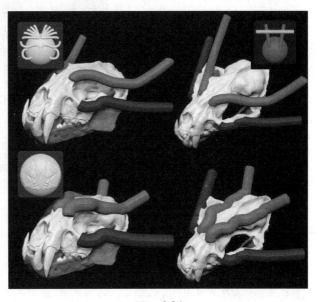

图 6.24

在后续版本中，动态网格功能得到了持续的发展，如在R4版本时可以和插入多重网格笔刷（IMM）配合使用。

提示：插入笔刷有两类：一类的模型是封闭的；另一类的模型则包含了开放边缘。前者主要用于动态网格，后者主要用于Meshfusion。当然，不封闭也可以用于动态网格，因为在转换成动态网格时模型会自动封闭，需要手动修饰连接处。

小结

ZSketch技术在动态网格出现之后就近乎退出了历史舞台，因为它是虚拟物体，不像动态网格那样可以更加直观、快捷地操作网格模型。此外，ZSketch是使用圆柱进行造型，所以在表现一些相对平缓的表面时效率不高。因此，在动态网格之后，ZBrush新增的创意工具都是直接操作网格模型。

当然，动态网格也不是一个完美无缺的工具，ZBrush的开发商也在不断地对它进行优化改进，例如，在R8版本软件增加了Vector Displacement Mesh（矢量置换网格）工具，它提供了一种全新的造型方式，而这种方式和动态网格是并行的，不是替代关系。它们都是非常强大、实用的工具，下面就介绍这个工具。

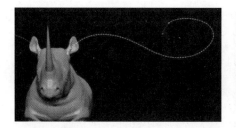
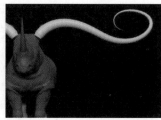

图 6.25

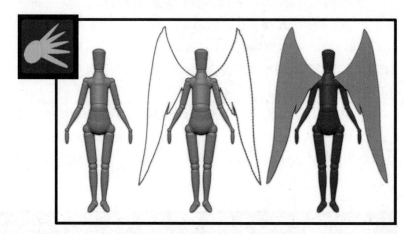

图 6.26

图 6.27

图 6.28

6.1.4 Vector Displacement Mesh 工具

首先来了解一下这个工具的原理。Vector Displacement Mesh是一种特殊的3D Alpha。通常Alpha贴图是一个灰度图像（2D），它可以与笔刷一起作用来影响模型表面的几何结构，如使用 Alpha 可以非常快捷地在模型表面生成皮肤肌理、疤痕或织物图案等细节，如图 6.29 所示。

使用这些 2D Alpha 创建造型时会受到垂直仰角的限制，无法生成悬空或底切结构，如图 6.30 所示，左图为悬空，右图为底切。

例如，无法在模型上使用 2D Alpha 生成一个犄角，因为犄角下面的悬空部分会被忽略。如图 6.31 所示，可以看到悬空部分都是垂直的，而且犄角尖端（Alpha 白色区域）的高度也不正确。

在 R8 版本增加的 3D Alpha 功能破除了这个限制，因为这种 3D Alpha 可以使用存储的网格让模型的下层表面产生变形。这种 3D Alpha 使用的是矢量置换网格(简称 VDM)技术，如图 6.32 和图 6.33 所示。

3D Alpha 只能和一些特定笔刷中的一种一起使用，如 Standard（标准）、Layer（层）或 Chisel（凿子）3D 笔刷。可以从这些笔刷中选择一个，此时在视图区顶部会出现一个网格选择器，这里列出了所选笔刷的可用内容，如图 6.34 所示。

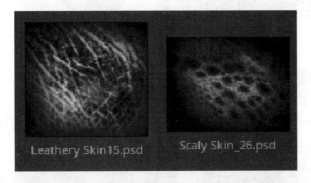

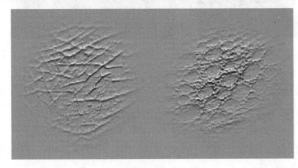

图 6.29

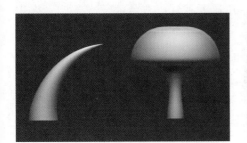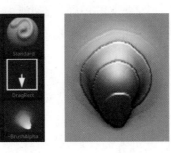

图 6.30

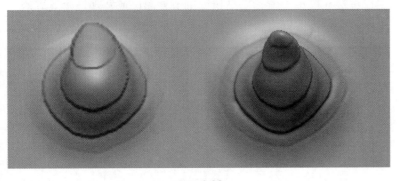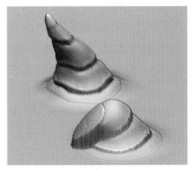

图 6.31

图 6.32

图 6.33

图 6.34 图 6.35

可以在列表中单击一个 VDM，然后在模型上单击并拖动鼠标，这将使用笔刷存储的 VDM 形状在模型上应用效果，如图 6.35 所示。可以看到模型完美地还原了这些笔刷的效果。

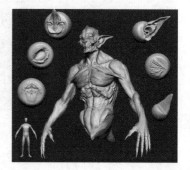

图 6.36

这个功能唯一的限制就是再现 VDM 形状所需的多边形密度。如果使用了低精度网格，模型可能没有足够的多边形进行变形，因此就无法完美地重建存储在笔刷中的形状。

图 6.36（引自 FlippedNormals）展示了使用 VDM 笔刷快速制作的作品。从一个基础模型开始，添加各种 VDM 之后的结果，可以看到制作效率非常高。

提示：VDM 笔刷和插入笔刷（配合动态网格）以及网格融合的效果类似，只不过它并没有进行网格重塑，在使用流程上比后者更快。缺点同样也是因为没有网格重塑，因此对底层模型的量要求较高。如果它能和动态网格或是 Sculptris Pro 功能结合使用，这个流程就更加完美了。

下面介绍 2018 版本新增的造型工具——Sculptris Pro。

6.1.5 Sculptris Pro 工具

十几年来 ZBrush 在数字雕塑领域不断地突破已有格局，用各种理念制作出强大的工具，让艺术家能够全面发挥自己的想象力和创造力。在 ZBrush 2018 版本软件中增加了 Sculptris Pro 模式，它把 ZBrush 的雕刻能力提升到更高且更自由的层次。接下来先了解一下这个功能的理念。

首先，Sculptris 是 Pixologic 公司旗下的另一款产品。Sculptris 软件拥有一项强大的自适应镶嵌细分算法（原始的动态拓扑技术），可以在模型的雕刻区域应用三角面的局部细分，从而让雕刻区域保持处于平滑的状态。由于细分操作只集中于雕刻位置，所以与传统的整体细分（包括动态网格）相比，可以避免产生大量对造型无意义的多边形，如图 6.37 所示。动态拓扑技术可以让用户直接在模型上雕刻出高精度细节，而以前实现这个效果需要进行多次整体细分，从而节省了大量系统资源。

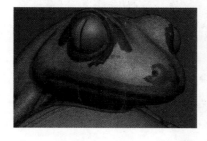

图 6.37

现在 Sculptris 软件的核心技术（自适应镶嵌细分）已经融入 ZBrush 中，并且算法也进行了优化和改进，所以这个新功能被称为 Sculptris Pro。由于它是一个模式开关，因此只需在工具架上将其激活就可以使用它了，如图 6.38 所示。

激活后，软件将对绝大多数雕刻笔刷应用 Sculptris Pro 模式，而关闭它就返回到传统的雕刻笔刷。

Sculptris Pro 功能提供了一个全新的雕塑工作流程，进一步打破了多边形拓扑对造型的限制，可以让用户更自由地展示自己的创意！例如，它可以让用户从零开始创建任何形状或模型，如图 6.39 中的模型都是基于一个球体制作完成的。用户只需集中精力使用雕刻笔刷塑造模型的造型，Sculptris Pro 功能会根据需要自适应地增减多边形数量。

更多关于 Sculptris Pro 使用流程的内容可参考后面的雕刻案例章节。

现在已经了解了 ZBrush 的主要角色类造型创建工具，接下来继续学习造型细化工具，即雕刻笔刷。

6.1.6 雕刻笔刷工具

雕刻笔刷只是 ZBrush 中笔刷类型的一种。ZBrush 的笔刷类型和数量都非常庞大，除了已经介绍的创建造型笔刷外，还有用于硬表面模型的 ZModeler 笔刷、用于选择和遮罩的笔刷、用于绘画颜色的笔刷等，如图 6.40 所示。除了图中的笔刷外，在灯箱的笔刷标签中还可以找到更多的笔刷。

雕刻笔刷本身也包含数量众多的类型及变体，这是因为一个雕刻笔刷在模型上的应用效果会受到多个因素的影响，每个预设笔刷都是各种因素综合调配的结果，这也是软件拥有大量笔刷变体的原因。这些变体笔刷虽然不太常用，但在需要时使用它们还是很方便的。

下面以 Standard（标准）笔刷（图 6.41）为例，展示雕刻笔刷效果的构成因素。

首先，一个笔刷的作用力效果是笔刷构成的基础。作用力效果受笔刷调板的参数控制，因为内容很多，所以后续章节中用到时再进行介绍。在一个平面模型上雕刻一笔，此

图　6.38

图　6.39

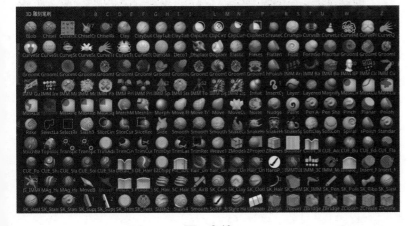

图　6.40

图　6.41

图　6.42

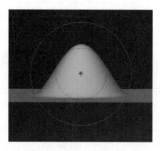

图　6.43

图　6.44

时可以看到标准笔刷的作用力效果以及笔刷光标的外观（两个同心圆），如图 6.42 和图 6.43 所示。注意，这个效果是作用力以及其他因素的综合结果。

可以看到标准笔刷在模型表面生成了一个凸起的效果，这是因为标准笔刷在默认状态下激活了 Zadd 模式，如图 6.44 所示，如果按 Alt 键雕刻，将翻转笔刷效果，就会产生向内凹陷的效果（等于激活 Zsub 模式），如图 6.45 所示。注意，大部分的雕刻笔刷都使用 Alt 键翻转笔刷效果。

接下来介绍更多影响笔刷效果的因素。

首先，"绘制尺寸"滑杆控制了笔刷效果的应用范围，也就是外侧圆圈，如图 6.46 所示。"绘制尺寸"滑杆的快捷键是 S。按 S 键将在视图中弹出绘制尺寸滑杆，拖动滑块可以改变笔刷尺寸，如图 6.47 所示。

其次，"Z 强度"滑杆控制了笔刷效果的应用强度，如图 6.48 所示。"Z 强度"滑杆的快捷键是 U。Z 强度分别是 25、50 和 100。

从图 6.48 中可以看到，笔

刷的作用强度并不是平均的。默认状态下笔刷的外观由两个同心圆组成。在笔刷中心（图 6.49）的作用力强度最大，从中心向笔刷外侧圆圈，作用力强度逐渐减小。

用户可以调节焦点衰减（图 6.50）滑杆的数值改变作用力强

图　6.45

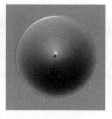

图　6.46

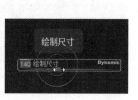

图　6.47

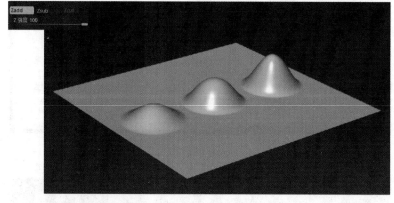

图　6.48

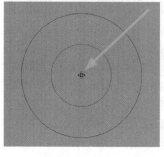

图　6.49

图　6.50

度的衰减幅度，数值越高，衰减越快，内圈越小；反之则越大，如图 6.51 所示。焦点衰减滑杆的快捷键是 O。笔刷强度变化幅度数值从左至右依次为 −90、0、75 和 90。

除了上述因素外，笔刷效果还会受 Alpha 和笔触类型这两个设置的影响。Alpha 控制笔刷的形状，就像油画笔也有方、圆、扇形等不同的笔头类型，ZBrush 软件可以将 Alpha 图像的任何内容都作为笔刷形状使用，如图 6.52 所示。

笔触类型控制着笔刷的应用方式，它也有多种类型，如图 6.53 所示。除了默认的手动涂抹类型外，还可以沿着笔刷滑过的轨迹喷洒笔刷效果；也可以在模型上拖曳出一个笔刷效果。为了更清楚地展示出效果，这里为笔刷选择了一个具有特点的 Alpha 图案，如图 6.53 所示。

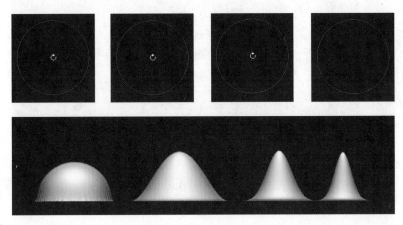

图　6.51

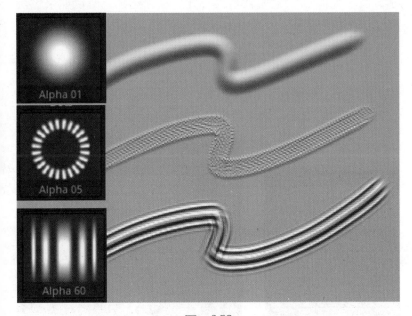

图　6.52

图 6.54 展示了使用这些笔触和 Alpha 的效果。一是 Dots 和 FreeHand 的效果，两者的效果看起来很相近；二是 Color Spray 和 Spray 的效果，在绘制过程中不断喷洒 Alpha——两者在雕刻时没有差异，只有在上色时才有差异；三是 DragRect 的效果，可以在模型上拖曳出 Alpha，过程中可以放大或缩小，也可以旋转 Alpha；四是 DragDot 的效果，它将基于当前的笔刷尺寸生成 Alpha 效果，将 Alpha 拖动到模型的任意位置，如图 6.54 所示。

现在已经了解了雕刻笔刷的构成因素，接下来介绍最常用的雕刻笔刷。这些笔刷包括 Standard（标准）笔刷、ClayBuildup（黏土堆积）笔刷、

图　6.53

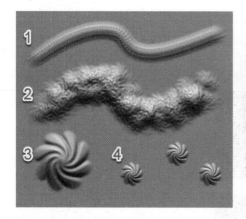

图 6.54

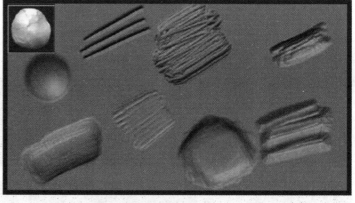

图 6.55

Smooth（平滑）笔刷、Move（移动）笔刷、DamStandard 笔刷、HPolish（强抛光）笔刷、TrimDynamic（动态修剪）笔刷、Inflate（膨胀）和 Pinch（收缩）笔刷等。下面将分别演示这些笔刷的效果及适用范围。

❶ Standard（标准）笔刷。

Standard 笔刷可以让模型的雕刻区域产生凸起的效果，可以用它来塑造基本形体。当按 Alt 键时雕刻将产生凹陷效果，所以通常用它来雕刻眼窝、口腔等区域。

❷ ClayBuildup（黏土堆积）笔刷。

在介绍这个笔刷之前先了解一下 Clay（黏土）笔刷，它是专门为使用 Alpha 进行雕刻而开发的笔刷类型。之所以称为黏土笔刷，是因为可以通过选择合适的 Alpha 和笔触来模拟各种雕刻工具产生的效果，就像是雕塑家在使用现实中的雕塑工具雕刻模型一样，如图 6.55 所示。

Clay 笔刷有很多变体笔刷，ClayBuildup 笔刷是最常用的一个。与其他的 Clay 笔刷相比，它主要的改变是激活了笔刷的"积累"选项，从而可以在模型上反复涂抹笔触来累加体积，如图 6.56 所示，而其他的 Clay 笔刷默认没有开启这个选项，所以如果想快速涂抹出一个造型，使用 ClayBuildup 笔刷是最佳选择。

❸ Smooth（平滑）笔刷。

平滑笔刷可以用于平滑模型表面，让表面变得光滑并擦除模型上的细节，如图 6.57 所示。由于平滑笔刷使用较为频繁，所以软件将其设置为交互式快捷键，选择任何笔刷按 Shift 键就会切

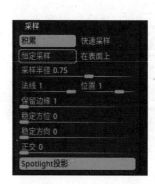

图 6.56

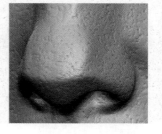
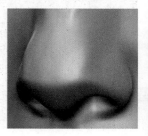

图 6.57

换到平滑笔刷，松开将返回到之前的笔刷，这样使用起来就非常方便了。

除了默认的平滑笔刷外，还有很多变体来应对各种模型情况，如有的平滑笔刷可以只针对模型的低点或高点区域进行平滑，如图 6.58 所示。

❹ Move（移动）笔刷。

移动笔刷可以移动笔刷范围内的模型，随着笔刷在模型上拖动可以产生拉扯效果，如图 6.59 所示。

移动笔刷可以用于塑造模型，调节模型造型形态，如图 6.60

所示。

移动笔刷还可以用于修改面部表情，实现更自然的"不对称"表情，如图 6.61 所示。

提示：按住 Alt 键在模型上单击并拖动可以沿着单击位置的法线方向产生调节效果，如图 6.62 所示。可以看到不同位置的凸起效果是朝向不同方向延伸的，这个方向就是单击位置的法线方向。

❺ DamStandard 笔刷。

DamStandard 笔刷可以用于雕刻模型上大的结构转折（凹陷处），也可以雕刻小的褶皱效果，如图 6.63 所示。

除了默认的 DamStandard 笔刷外，还可以使用 2.0 版本，如图 6.64 所示。2.0 版本的效果更加自然，也更符合有机体的特点。

❻ HPolish（强抛光）笔刷。

HPolish 是 Polish（抛光）笔刷的 3 个变体之一，其他两个笔刷是 SPolish（软抛光）和 MPolish（中等抛光）。可以使用这些笔刷在模型表面涂抹以快速生成带有硬边的抛光

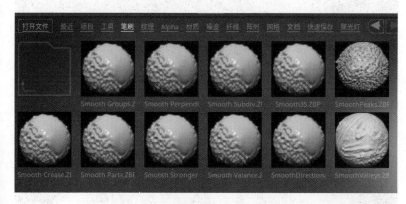

图 6.58

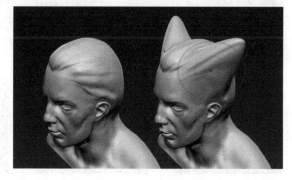

图 6.59

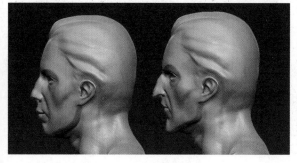

图 6.60

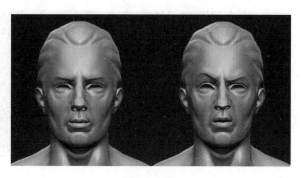

图 6.61

表面,如图 6.65 所示。可以根据需要选择适合强度的抛光笔刷,通常 HPolish 是最常用的。

❼ TrimDynamic(动态修剪)笔刷。

TrimDynamic 是 在 Clay 笔刷基础上调节选项而得到的预置笔刷,它和 HPolish 笔刷一样都可以用于雕刻硬表面效果,也可以用于雕刻角色比较坚硬的部分,如犄角和指甲。区别是它会根据表面法线或屏幕视角产生不同的变化,从而得到更为灵活、随机的雕刻效果,如图 6.66 所示。可以看到 TrimDynamic 生成的边缘更加锐利,表面处理得更平滑柔和。

提示:笔刷中源 Trim 笔刷和 TrimDynamic 是完全不同的笔刷类型,如图 6.67 所示。源 Trim 笔刷产生的效果类似于布尔模型,它会切掉模型上的相应部分。

❽ Inflate(膨胀)笔刷。

膨胀笔刷可以让笔刷下的模型区域沿着法线方向产生造型变化,从而产生膨胀效果,如图 6.68 所示。注意,标准笔刷实现不了这个效果。

❾ Pinch(收缩)笔刷。

收缩笔刷可以让笔刷滑过区域的顶点沿着模型表面聚拢起来,从而在模型上制作出硬边效果,如图 6.69 所示。收缩笔刷适

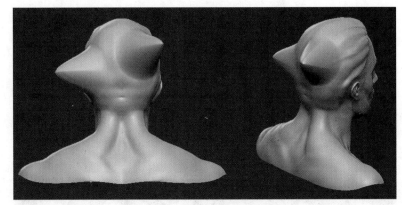

图 6.62

图 6.63

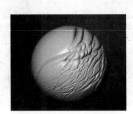

图 6.64

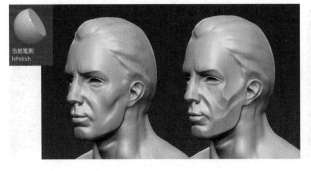

图 6.65

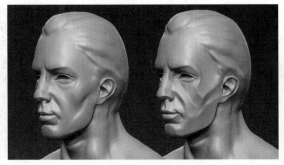

图 6.66

合制作衣纹、皱纹效果，也有用户习惯用它处理模型的低点，类似 Dam_Standard 笔刷。

提示：收缩笔刷经常与 LazyMouse（延迟光标）一起使用生成平滑而精确的笔触，如图 6.70 所示。在拖动笔触时，LazyMouse 可以忽略低于延迟半径的小幅动作（手的抖动），这样就可以让笔触绘制时保持平滑顺畅。

现在已经介绍了 ZBrush 中的常用雕刻笔刷。在后续章节中将演示使用造型类工具制作模型，然后使用雕刻笔刷雕刻模型的流程。

6.2　常规的角色制作流程

在 6.1 节介绍了角色类的制作工具，本节将介绍这些工具的操作方法，然后使用这些工具来制作案例。通过两个小案例介绍角色制作的常规流程，这些例子将分别使用 Z 球、

图　6.67

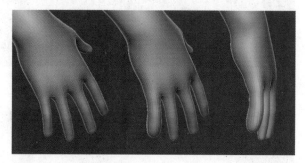

图　6.68

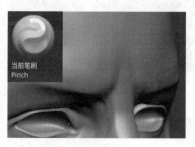

图　6.69

图　6.70

创建 Z 球模型

笔刷尺寸

雕刻 01

雕刻 02

雕刻 03

为模型着色

姿势调节

动态网格和 Sculptris Pro 模式来
完成。

6.2.1 制作 Z 球模型
　　　　并雕刻模型

　　在 Tool(工具)菜单下的
工具列表中,单击 SimpleBrush
图标,在弹出的列表中选择
Z 球工具,如图 6.71 所示。

　　在视图中拖拉出来,按
T 键进入编辑模式,如图 6.72
所示。可以看到它是一个红色
的球体,上半部分颜色更深,
这是为了让用户可以基于颜色
来判断 Z 球的朝向。

6.2.2 Z 球的基本操作

1. 增加或删除 Z 球

　❶ 在绘制模式下单击
Z 球将增加一个子 Z 球。单
击后继续拖拉将设置该 Z 球
的大小,如图 6.73 所示。注
意,两个 Z 球之间的部分称为
球链。

　❷ 在球链上单击将插入
一个 Z 球(增加一个分段),如
图 6.74 所示。

　❸ 按住 Alt 键在 Z 球上单
击将删除一个 Z 球,如图 6.75
所示。注意,第一个 Z 球是根
球体,所以不能被删除。

2. 移动 Z 球

　❶ 切换到移动模式,单击
并拖动当前选择的 Z 球即可移
动它的位置,如图 6.76 所示。

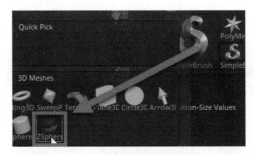

图 6.71

图 6.72

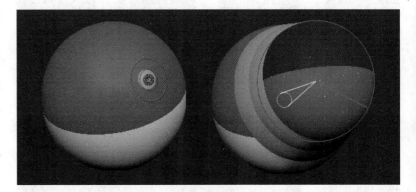

图 6.73

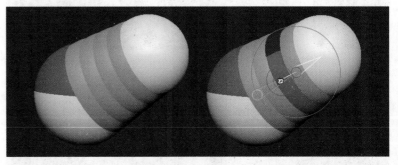

图 6.74

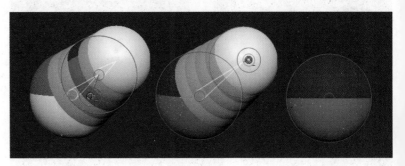

图 6.75

　　注意:移动时最好将笔刷尺寸设置为 1,这样将只操作单击
到的 Z 球;否则过大的笔刷尺寸会影响到其他区域。

② 移动 Z 球链。按住 Alt 键在 Z 球 / 球链上单击拖动，可以沿着上一级 Z 球移动下面的部分，如图 6.77 所示。注意，下面的部分其形态在移动时将保持不变。

3. 缩放 Z 球

① 切换到缩放模式，单击并拖拉一个 Z 球可以将它放大或缩小，如图 6.78 所示。

② 按住 Alt 键在根球体旁边的球链上单击拖拉可以放大或缩小所有 Z 球，如图 6.79 所示。注意，缩放时球链的长度将保持不变。

注意：按住 Alt 键在球链上单击并拖拉可以放大或缩小相关联的子 Z 球的尺度，如图 6.80 所示。

③ 在球链上单击并拖拉可以放大或缩小相关联的子 Z 球的尺度，此时球链长度将同步发生变化，如图 6.81 所示。

4. 旋转 Z 球

① 切换到旋转模式，在球链上单击并拖拉可以旋转该球链（相关的 Z 球），如图 6.82 所示。

② 在 Z 球上单击并左右拖拉可以使其子球链围绕该球体旋转，如图 6.83 所示。

注意：这个功能适用于一代 Z 球，二代 Z 球使用这个方法在生成蒙皮网格时会让该区域的布线产生扭曲，所以直接移动肢节部分是更好的选择。

6.2.3 Z 球蒙皮的设置

在制作 Z 球模型的过程中，可以按 A 键随时预览 Z 球生成的多边形（蒙皮）网格。再次按 A 键将返回到 Z 球模式。由

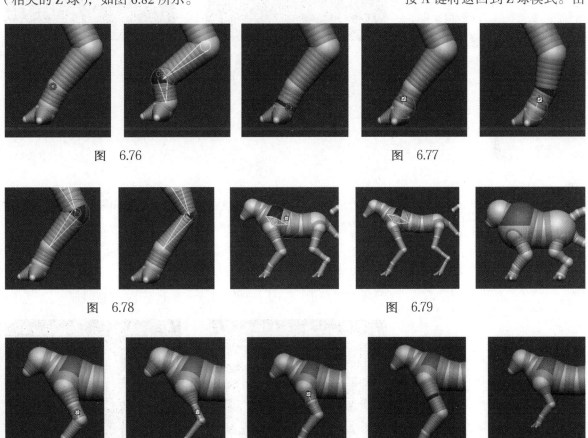

图 6.76 图 6.77

图 6.78 图 6.79

图 6.80 图 6.81

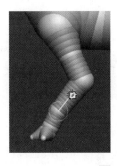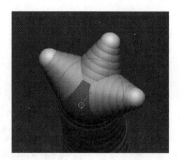

图　6.82　　　　　　　　　　　　　　　　　　图　6.83

于网格预览效果受Z球蒙皮设置的影响，接下来将简要介绍自适应蒙皮子调板中的选项设置，如图6.84所示。

图　6.84

预览开关用于切换Z球和蒙皮网格模式，也可以用A键来操作。

密度滑杆用于设置蒙皮网格的精度，默认数值为2，即模型的细分级别为2。也可以手动提高数值让模型变得更平滑。

DynaMesh（动态网格）分辨率滑杆用于将蒙皮网格模型转换为动态网格模型。这个功能可以根据用户需要来使用，如果不希望转换，可以将数值设置为0。

下面是关于二代蒙皮的选项，通常不需要进行调节。

"使用经典蒙皮"开关可以激活一代蒙皮，激活后蒙皮网格计算将使用一代算法。方框中的内容是常用选项，通常就是调节后观察效果，然后继续调节选项，直至满意为止，因此并没有固定设置。

无论是一代还是二代，在

调整合适后都可以单击"生成自适应蒙皮"按钮生成一个网格模型。

6.2.4　Z球预设模型

ZBrush软件默认自带Z球模型库，用户可以修改这些Z球生成自己需要的结果，不必从零开始，如图6.85所示。

了解了Z球的基础知识之后，接下来将讲解使用Z球制作模型的基本流程。因为这个案例是为了演示流程，因此将使用默认的Z球模型进行制作。详细过程可参看本书配套视频。

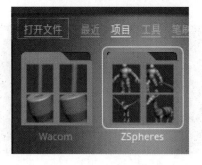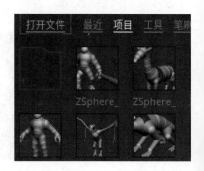

图　6.85

6.2.5 制作Z球模型

首先设置参考图，这次将使用背景透明功能。打开一张图片并摆放好位置，然后返回 ZBrush 调节顶部的透视滑杆，如图 6.86 所示。界面开始变得透明，现在就可以参考背景图像制作模型了。

选择 Z 球工具，在视图中按住 Shift 键拖拉出 Z 球模型，这样可以让 Z 球对齐到正交视角。进入编辑模式后按 X 键激活对称，在模型上单击拖拉生成左右两边的 Z 球，然后添加前后两端的 Z

球，如图 6.87 所示。

使用上述方法可在模型上增加更多的 Z 球，然后在移动、旋转、缩放模式下调节 Z 球。生成基础造型后在球链上单击增加更多的分段，继续调节完善造型。完成后按 A 键预览网格，效果如图 6.88 所示。

6.2.6 雕刻蒙皮网格模型

单击"生成自适应蒙皮"按钮生成一个网格模型，然后选择它并应用更多的细分，再使用雕刻笔刷雕刻模型。切记在雕刻过程中要关闭笔刷动态功能（双击笔刷尺寸滑杆中的 Dynamic 开关）。

由于 Z 球生成的网格模型已经很接近最终结果，所以整个过程主要是使用移动笔刷调节模型。在调节模型局部时，为了视觉不受干扰，可以使用选择功能框选局部单独处理。

由于耳朵的造型差异较大，需要让这个区域的网格向两边大幅移动。因为默认使用移动笔刷调整造型会在调节一边的同时影响到另一边，所以使用拓扑遮罩来保护一侧的造型。

在移动模式下，按住 Ctrl 键在模型的耳朵中间区域拖拉，生成一个渐变的遮罩。然后使用移动笔刷调节出耳朵的基本造型，调节完一侧后，按

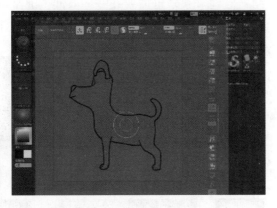

图 6.86

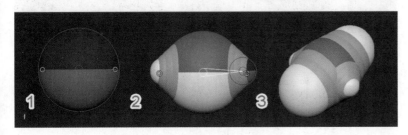

图 6.87

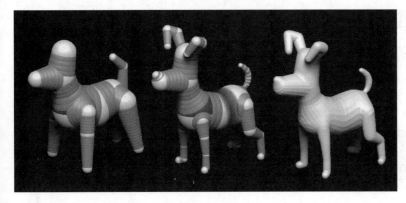

图 6.88

住 Ctrl 键在视图中单击翻转遮罩，再调节另一侧，效果如图 6.89 所示，左图为遮罩一侧，中图为使用移动笔刷拖拉，右图为翻转遮罩继续调整。

使用 DamStandard 笔刷雕刻鼻子、嘴巴和爪子，效果如图 6.90 所示。注意，雕刻眼睛时如果没有完全的把握，可以先在模型上绘制一个参考线，然后再进行雕刻。

接下来对模型绘制颜色。激活 Rgb 开关，单击颜色调板中的"填充对象"按钮，为模型填充当前颜色拾取器中的颜色（白色），然后就可以选择其他的颜色来涂抹模型了，效果如图 6.91 所示。为了让绘制颜色的边界保持锐利，这里使用了一个自定义笔刷（Hard_3DCW4R8）。

在绘制眼睛周围的颜色时，为了不覆盖已经绘制的黑色线条，可以开启笔刷调板的自动遮罩功能。在其中有很多种遮罩类型，这里只使用"颜色遮罩"，将它激活后在绘制时

就不会覆盖黑色了，效果如图 6.92 所示。

最后调节模型的姿势。将模型切换到较低的细分级别，这样操作更快。再次使用拓扑遮罩，在模型上拖出来后，如果不够柔和，可以按住 Ctrl 键在模型上单击将其模糊，得到合适的遮罩效果后就可以使用 Gizmo 操作器来旋转模型了。效果如图 6.93 所示。

小结

Z 球形态比较适合做圆柱、圆球类的造型，对于比较扁的对象必须使用一代蒙皮，而使用一代蒙皮虽然对造型有更多的控制，但调节起来也需要花一些时间。通常认为使用 Z 球就是为了快速生成基础造型，因为一代蒙皮的效率不高，所以目前更

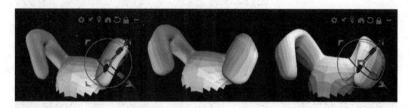

图 6.89

  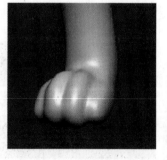

图 6.90

图 6.91

图 6.92

多的是使用二代蒙皮，否则就难以和 ZBrush 的其他建模方式抗衡了。

在使用 Z 球生成的网格制作模型时会有一些限制，例如，眼睛和嘴巴区域事先没做好布线，在雕刻细节时就需要多次细分，而其他区域并不需要这么高的细分设置，这显然造成了资源浪费。当然，如果配合使用一些多边形建模功能可以解决这个问题，不过这不是本案例的重点。

在下一节将演示动态网格的使用。注意，整个过程也不限于只使用动态网格功能。

图 6.93

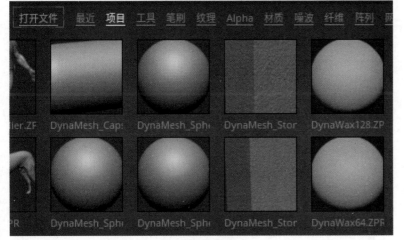

图 6.94

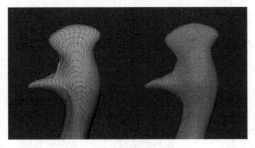

图 6.95   图 6.96

6.2.7 动态网格的常用操作流程

由于在 6.1 节已经概述了动态网格功能，因此这里直接介绍动态网格的基本应用。

从灯箱的项目标签中载入一个动态网格球体预设作为开始，效果如图 6.94 所示。

注意：任意多边形网格模型都可以转化为动态网格模型。

这里选择的起始精度是 64，这个精度可以很好地进行初始模型的制作，接下来使用这个模型来演示动态网格功能的基本操作。

首先是雕刻和更新网格操作。

在模型上使用移动笔刷拖曳出一个造型，可以看到随着拖拉模型的布线不断地被延展出现了疏密差异，这种布线会让后面的细节雕刻变得困难。此时按住 Ctrl 键拖拉，模型网格将会更新，让模型布线发生改变以适应新的形体变化，从而解决模型因为造型调节过大产生的拓扑扭曲问题，如图 6.95 所示。

这就是动态网格最常用的流程，可以不断地雕刻模型然后更新网格，直至模型完成。

在这个过程中，如果需要制作更多的细节就需要提高精度（分辨率）设置，然后更新网格，如图 6.96 所示。这样模型的网格密度就提高了,因此动态网格的精度设置和传统细分的理念是很相似的。

注意:如果动态网格不使用更新操作,那么它就像一个没有细分级别的网格模型,只有当更新网格时它才进行体积运算并完成拓扑更新,所以它在雕刻时的效率是比较高的。当然,它的效率也会受模型精度的影响,当模型复杂度比较高且精度设置较高时,每次更新网格的时间也会越来越长。

接下来看一下动态网格的布尔功能。

动态网格被设计为可以进行体积运算,所以可以用它做一些布尔运算的操作。最常用的就是加减类型,切割分离由于操作步骤多再加上功能限制的原因并不常用。下面来演示一下它们的操作流程。

选择插入笔刷(IMM Primitive)在模型上拖拉出一个球体,然后按住 Ctrl+Alt 组合键在视图中拖曳,此时模型网格会逐渐融合,如图 6.97 所示。

如果按住 Alt 键在模型上拖拉出球体,此时球体的面朝向是反向的,然后按住 Ctrl+Alt 组合键在视图中拖曳,此时模型将会减掉刚才插入的模型体积,如图 6.98 所示。

注意:由于动态网格是全局细分,所以要得到高精度细节就要设置很高的精度(分辨

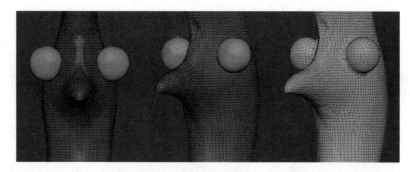

图 6.97

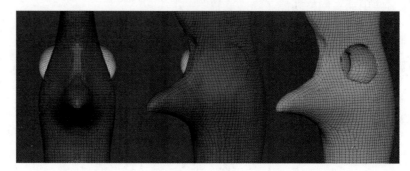

图 6.98

率),这样模型的网格密度就会比较高,所以对精细模型做布尔操作时还是建议使用新的布尔功能。如果是处理简单的概念性设计,使用动态网格的布尔流程还是很快捷方便的。

6.2.8 制作动态网格模型并进行雕刻

下面制作一个野猪造型。野猪头部又大又长,使用 Z 球生成的蒙皮网格会和照片的形象差距很大,和其他建模方式相比并没有优势,而且由于当前原设是卡通化风格,其头部比例更加夸张,所以可以直接使用动态网格制作它。

打开参考图后摆放好,返回到 ZBrush。从灯箱中载入动态网格球体(精度为 64),调节界面顶部的透视滑杆设置界面的透明度,然后参考背景图调节模型的比例和位置。因为要分别制作头部的上、下两部分,所以按 Ctrl+Shift+D 组合键复制一个子工具模型,然后调节模型比例,如图 6.99 所示。

雕刻基础造型

雕刻鼻子和舌头

雕刻牙齿和耳朵

雕刻鬃毛

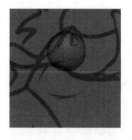 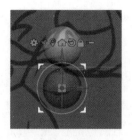 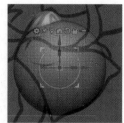 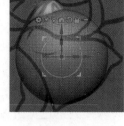

图 6.99

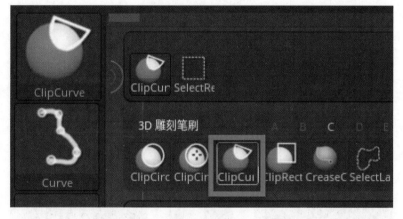

图 6.100

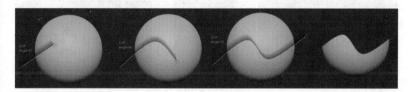

图 6.101

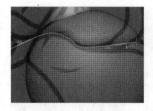 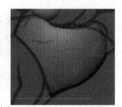

图 6.102

返回到绘制模式，按住 Ctrl+Shift 组合键单击笔刷图标，从弹出面板中选择 ClipCurve 笔刷，如图 6.100 所示。

再次按快捷键激活这个笔刷。在模型上拖拉出直线，按空格键移动位置。按一次 Alt 键可以在鼠标当前位置设置一个标记点，此时拖动光标直线将变为曲线，这个操作类似于 Photoshop 的曲线功能。可以继续拖动和增加标记点，让曲线产生需要的变化。松开快捷键和鼠标时笔刷将应用效果，将线条的阴影部分都切掉，如图 6.101 所示。

使用这个方法处理模型的头部，完成后使用移动笔刷调节模型，如图 6.102 所示。

切换到头部的上半部分，激活 Gizmo 操作器，按住 Ctrl 键拖拉生成一个复制模型，然后调节位置和尺度。这个复制模型将作为鼻子，然后继续复制模型作为鼻梁，效果如图 6.103 所示。

注意：这个模型是在同一个子工具层中。每生成一个对象，之前的对象将被遮罩，只能处理当前对象。因为这些复制模型都是分离且不连接的对象，所以可以使用移动拓扑笔刷调节模型，这样在雕刻时可以单独处理一个对象而不会影响到多个对象，效果如图 6.104 所示。

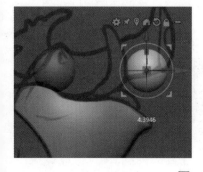 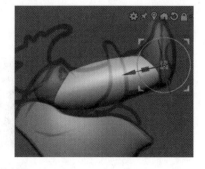

图 6.103

在模型上增加更多的部分。选择插入笔刷（IMM Primitive）在模型上拖拉出一个球体，然后使用移动笔刷调节模型。完成后在下半部分也增加一个球体，然后调整造型，效果如图 6.105 所示。

使用 Standard 笔刷雕刻眉弓区域，然后使用 DamStandard 笔刷雕刻鼻梁区域的凹陷。切换到头部的下半部分，使用移动笔刷按住 Alt 键在模型上拖拉生成口腔的形态，如图 6.106 所示。

模型形体制作得差不多了，现在可以将模型融合起来。在融合模型之前先观察模型，可以看到模型有些区域的网格精度不够高，所以模型不够平滑，此时直接转为动态网格也会将不平滑的效果应用到模型上，所以可以开启动态细分，看到模型变平滑了。现在单击"应用"按钮将其应用为 3 级细分，单击"删除低级"按钮，如图 6.107 所示。

按住 Ctrl 键在视图中拖拉更新动态网格计算，可以看到几个模型的边界变得模糊，这说明模型已经融合起来了。接下来使用平滑笔刷平滑这些边界，效果如图 6.108 所示，然后使用同样的方法处理头部的下半部分。

制作鼻孔。先使用白色填充模型，然后按住快捷键 V 把主色（白）和辅色（黑）切换位置。选择 Hard_3DCW4R8 笔刷，使用黑色在鼻子上绘制鼻孔的边界。过程中可以按住 Alt 键临时切换到主色（白），用白色涂抹模型修正绘制的结果，效果如图 6.109 所示。

在插件调板里展开 PolyGroupIt 子调板。单击"按照绘制的颜色分组"按钮，软件将基于绘制的黑色线生成不同的颜色组。由于这个模型的精度不高，所以生成的结果不够精确，颜色组边缘带有锯齿，如图 6.110 所示。

对鼻子的正面应用反向遮罩，接下来的操作只处理这个区域。在工具调板中展开"变形"子调板，拖拉"按特性抛光"滑杆，可以看到颜色组的边界区域开始变得平滑，然后使用移动笔刷调节模型，如图 6.111 所示。

图　6.104

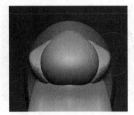
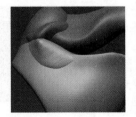

图　6.105

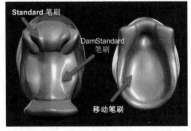

图　6.106

图　6.107

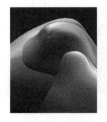 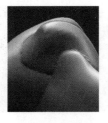 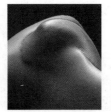

图 6.108

图 6.109

如果要处理得更加圆滑，可以使用特定的平滑笔刷。打开灯箱切换到笔刷标签，展开 Smooth 文件夹，双击 Smooth Groups 笔刷替换当前的平滑笔刷，然后按 Shift 键涂抹颜色组的边界。

接下来展开"工具"→"几何体编辑"→"修改拓扑"子调板，单击"镜像焊接"按钮让模型重新生成对称的效果，左右两个鼻孔的颜色组也被统一了，这也便于后续的处理，如图 6.112 所示。

完成后展开"工具"→"几何体编辑"→"边缘环"子调板，设置"环数"为 2，然后单击"组环"按钮在颜色组周围生成新的边缘环，让模型的拓扑符合造型的变化，如图 6.113 所示。

图 6.110

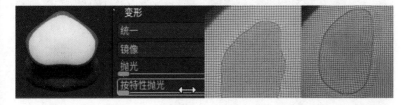

图 6.111

接下来激活 Gizmo 操作器，按住 Ctrl 键单击紫色的颜色组将其他区域遮罩，然后继续按住 Ctrl 键拖曳蓝色箭头向内移动产生挤压效果。连续挤压 3 次后清除遮罩，返回到绘制模式，使用平滑笔刷平滑鼻孔的边界，如图 6.114 所示。

当前模型的边缘还是过于锐利，再次应用局部遮罩，然后抛光模型，如图 6.115 所示。

  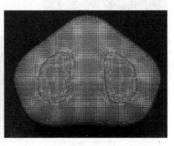

图 6.112

再次使用 Gizmo 遮罩紫色组区域，然后使用 Gizmo 旋转这个区域，接下来反转遮罩，按住 Ctrl 键在模型上单击将遮罩模糊，然后使用移动笔刷调节模型。如果要使边缘更

  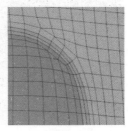

图 6.113

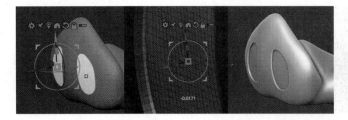

图　6.114

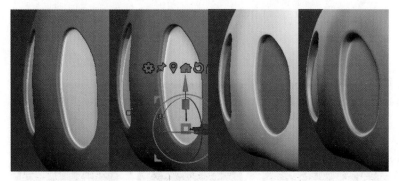

图　6.115

加圆滑，可以再次应用局部遮罩，然后抛光模型，如图6.116所示。

制作舌头。在模型的口腔区域绘制遮罩，然后使用网格提取功能生成模型，单击"提取"按钮将基于模型上的遮罩生成虚拟的预览模型。如果不合适就修改设置，再次单击"提取"按钮生成；如果合适了就单击"接受"按钮，在子工具列表中生成一个模型，效果如图6.117所示。

清除模型上的遮罩，然后抛光模型，效果如图6.118所示。

接下来将模型转换为动态网格（分辨率为16），可以看到模型的布线变得比较均匀，但仍然不够理想，和造型特征差异较大。可以使用ZRemesher功能生成更符合模型特征的拓扑。设置"目标多边形数"为0.3，单击ZRemesher按钮，效果如图6.119所示。

按D键激活动态细分，使用DamStandard笔刷雕刻凹陷区域，然后平滑，再使用Inflate笔刷膨胀模型，最后使用移动笔刷调整造型，效果如图6.120所示。

图　6.116

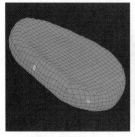

图　6.117

图　6.118

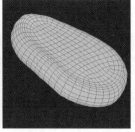

图　6.119

提示：使用移动笔刷从侧面调节模型，由于模型比较薄，所以当笔刷尺寸大于模型厚度时，笔刷范围内的部分都会产生移动

效果。如果要底面贴合口腔模型不变，可以激活"笔刷"→"自动遮罩"调板中的"背面遮罩"开关，此时就可以只调节模型顶部或是底部了，效果如图6.121所示。

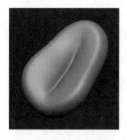

图 6.120

图 6.121

制作牙齿。这部分使用Z球来制作。在子工具列表中插入一个Z球，然后开启对称。增加更多的Z球后使用移动旋转缩放功能调节形态。激活"使用经典蒙皮"开关，设置"密度"为4，单击"生成自适应蒙皮"按钮来生成蒙皮网格模型，如图6.122所示。

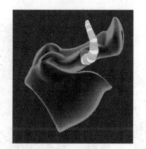

图 6.122

选择蒙皮网格模型，将其复制（按Ctrl+C组合键）后选择之前的野猪模型，粘贴（按Ctrl+V组合键）到子工具列表中。切换到头部，使用Inflate笔刷雕刻牙龈的形态，如图6.123所示。

注意：复制粘贴子工具流程比插入对象到子工具列表的做法更方便，而且可以将模型放置在需要的层级，插入对象只能位于最底层。

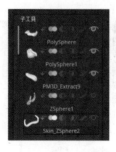

图 6.123

制作耳朵部分。在头部插入两个球体，向外拖拉出球体后再向内拖可以将球体变成椭球体。然后使用Move Elastic（弹性移动）笔刷调节形态。使用制作鼻孔的方法制作耳朵的内陷结构，完成后将耳朵模型融合到头部模型中，如图6.124所示。

图 6.124

注意：为了让耳朵内部结构的边缘保持不变，需要将动态网格的分辨率设置为256，然后再进行融合。这样在平滑模型边缘时就有足够的面数让结构不产生大的变化；如果精度较低，平滑模型会对模型边缘产生较大的破坏效果。

制作头顶的鬃毛模型。在头部拖拉出遮罩选择框，为模型应用矩形的遮罩，然后反向遮罩删除多余的部分。使用网格提取功能，设置厚度为0.3，生成模型。清除模型上的遮罩，可以看到当前模型在侧面的分段数很少，这不利于后续的雕刻，所以将模型转化为动态网格（分辨率为56），如图6.125所示。

使用Sculptris Pro功能处理模型。激活Sculptris Pro模式（快捷键为\），使用SnakeHook笔刷调节出鬃毛的形态，在此过程中处理鬃毛夹角的区域可以使用套索遮罩进行保护。基本型完成后使用Standard笔刷雕刻鬃毛的细节，如图6.126所示。

提示：在调节基本型时经常会在视图中缩放模型，此时笔刷相对于模型的比例就会不断发生变化。在默认设置下，Sculptris Pro模式会让笔刷尺寸相对模型变大时，雕刻模型产生精度降低的效果，这会影响操作体验，所以这个阶段需要将"笔触"→SculptrisPro子调板的"关联"开关关闭。关闭后笔刷在尺寸变大时就不会影响网格精度，只有当笔刷尺寸变小时，在模型上才会产生更多的网格细分，如图6.127所示。

现在模型就制作完成了。因为这个案例使用了动态网格和Sculptris Pro模式，所以大幅增加了模型量，接下来需要对模型做一下优化处理。

在列表中复制头部模型（上半部分），然后对复制的模型使用ZRemesher生成一个新的拓扑模型，最后细分模型。只激活源模型和复制模型，选中复制模型后单击"子工具"→"投射"子调板中的"全部投射"按钮，将源模型的细节投影到复制模型上。接下来对下半部分和鬃毛也做类似处理，如图6.128所示。

牙齿和鬃毛都有和头部交叉重叠的部分，为了便于生产制造，需要将这些部分切除。将模型应用布尔计算，用复制的头部上半部分模型减掉鬃毛和牙齿的多余部分，如图6.129所示。图中展示了预览布尔渲染的效果，最后单击"子工具"→"布尔运算"子调板中"生成布尔网格"按钮生成布尔模型。

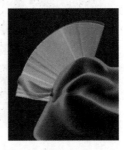

图 6.125

图 6.126

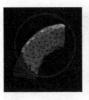

图 6.127

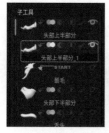

图 6.128

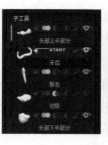

图 6.129

小结

动态网格是一个有损流程,每次更新网格都会有细微的变化,所以目前用它制作基础造型是因为粗糙造型不怕损失。将动态网格、动态细分与传统细分结合使用,可以减少细节的损失,从而利用它们的优势形成一个更加灵活、完善的流程。

在制作过程中对头部使用了"拆分为多部件"进行处理的方式。要注意这种方式可以降低制作难度,并且便于调节和修改,但效率提高得不是很明显,所以采用整体或是拆分制作要根据个人需求来定。

除了上述建模方式外,还使用了 Sculptris Pro 模式,这个功能的使用比较简单,但它和动态网格相比有一些限制,所以不建议所有模型都使用 Sculptris Pro 模式进行制作,而是将它作为动态网格流程的补充,不要用它制作特别复杂的模型。

虽然 Sculptris Pro 模式已经进行了性能的优化,但它与传统细分不同,由于没有细分级别,所以模型量(几十万到几百万)做到一定程度就会感觉到性能下降,这具体取决于用户的 CPU 性能。

如果发现操作性能下降,可以选择一种优化方式,就是在 Sculptris Pro 设置中禁用"关联"开关。这样在雕刻时 ZBrush 将只会执行镶嵌细分而不会同时进行面的优化处理,性能会明显提升。

此外,由于 Sculptris Pro 模式和动态网格都是没有细分级别的思路,它们在制作高精度细节时都会大幅提高模型量。为了降低资源消耗,可使用一种更倾向传统做法的方法,即使用它们制作基础造型后再使用 ZRemesher 生成更合理的拓扑结构,然后使用投影功能将源模型细节映射到新的拓扑模型上,从而有效地降低模型量,并且还可以借助传统细分的特点加速视图导航和雕刻操作。

下一节将学习更复杂的案例,演示更多的制作流程和技巧。

6.3 制作美人鱼模型

首先观察一下这次要制作的模型,如图 6.130 所示,分析它的制作思路。

可以看到这个角色是一个 Q 版的二头身模型,主要由头发、头部、身体(包括下半部的鱼身)和贝壳胸罩组成。注意,二头身模型的头部比例较大,而身体部分则比较正常。这个案例的角色头部和身体都比较容易制作,难度集中在头发部分,将在后续章节中详细介绍。

图 6.130

由于 ZBrush 在长期发展过程中开发了很多工具和流程,所以针对这个案例也有多种制作方法。这里将介绍的流程是目前比较流行而且也是最新的类型。在制作过程中会介绍这种流程的优势。

提示:这个案例主要使用的功能有插入笔刷、Gizmo 操作器、雕刻笔刷、曲线管子笔刷和 Sculptris Pro 功能,此外还会用到布尔运算功能和减面插件等工具。

6.3.1 制作角色模型的基础造型

首先制作模型的初始造型。在工具列表中选择六角星模型,在视图中拖拉出模型,然后按 T 键进入编辑模式。选择插入笔刷(IMM Primitive),按 W 键进入 Gizmo 模式,此时视图顶部将弹出插入笔刷的面板,如图 6.131 所示。

用鼠标单击球体模型,视图中的模型将自动被替换为球体,现在就有了第一个基础模型,用它来制作角色的头部,如图 6.132 所示。

提示:这里使用的流程是

将模型分成多个部件进行制作,最终再合成一个模型,虽然对于熟手来说制作速度可能会稍有降低,但这个流程有好几项优势:一是对于初学者来说更容易把握整体关系,而且便于修改;二是由于每个部分都是独立的模型,网格密度也更容易控制;三是每个部件可以自由选择采用传统细分、动态网格还是自适应镶嵌细分,制作时也更加灵活。

接下来使用移动笔刷,关闭笔刷尺寸的动态开关。按 X 键激活 X 轴对称,然后对模型进行调节,制作出粗略的头部造型,如图 6.133 所示。

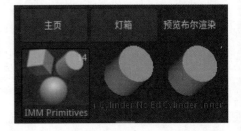
图 6.131

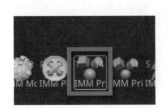
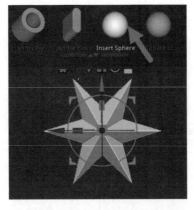

图 6.132

头部基础模型　　上半身

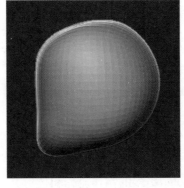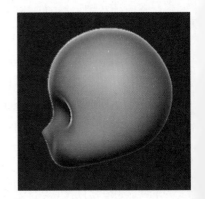
图 6.133

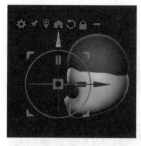

图 6.134

完成后按住 Ctrl 键拖拉 Gizmo 操作器的移动箭头，复制当前模型，然后在插入笔刷面板中选择一个圆柱体，用它替换复制的模型制作角色的脖子，如图 6.134 所示。

图 6.135

使用 Gizmo 操作器对模型的位置和比例做一下调整，再使用移动笔刷调节造型。完成后可以使用复制增加胸腔，然后选择一个球体替换复制对象，如图 6.135 所示。

可以看到这种插入笔刷的替换流程非常方便。与以前的添加 Subtool 流程相比，新的流程变得更具弹性，可以快速选择需要的模型，也可以快速替换模型，并且调节模型比例和对位的操作也更加准确、快捷。

图 6.136

增加胸腔后使用移动笔刷调节模型。复制模型替换为一个圆柱，然后调节成腹部。接下来再复制模型替换为球体，调节为臀部，如图 6.136 所示。

接下来制作对称的模型。这里可以使用以前版本的插入流程。按 Q 键返回到绘制模式，在胸腔两侧插入两个球体，然后使用移动笔刷调节成胸肌。使用插入笔刷再次在胸腔前面单击拖动，对称地插入两个球体作为乳房，然后使用移动笔刷调节模型，如图 6.137 所示。

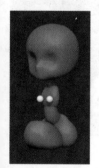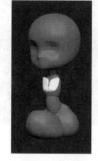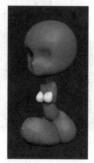

图 6.137

注意：制作女性模型时，胸肌不是必须做，但将乳房和胸肌作为一个物体制作要麻烦些。

在胸腔侧面插入一个球体，然后使用移动笔刷调节成三角肌结构。如果需要，也可以把斜方肌和肩胛骨区域的结构单独做出来。在这个案例中使用曲线管子笔刷在模型上绘制出锁骨的造型，然后使用移动笔刷适当调节，如图 6.138 所示。

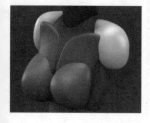

图 6.138

接下来制作上肢部分。选择曲线管子笔刷（也可以用圆柱制作），在模型上单击拖出来，然后拖拉曲线修改模型形态，改变笔刷尺寸和管子的比例。如果要使管子产生粗细变化，可以调节曲线修改器的曲线图，然后在视图中

  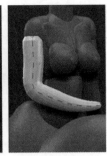

图　6.139

图　6.140

单击曲线，管子模型将依据曲线图设置更新管子的造型，如图6.139所示。

注意：由于两个胳膊的姿势不同，所以采用分别制作的做法。

由于角色是鱼身，所以大腿部分使用球体调节而成，下半部分将使用曲线管子笔刷进行制作。在大腿位置单击拖动，拖曳出一个管子造型，然后调节曲线图设置，最后单击曲线更新模型效果，如图6.140所示。

注意：大腿和躯干目前是使用对称的做法完成一个标准姿势，在完成基础造型后再调节为非对称状态，如图6.141所示。

最后处理细节结构。首先制作手的部分，虽然可以使用之前的流程将手掌和手指制作出来，但这样的效率比较低，因此使用修改预设模型的做法。选择插入笔刷（IMM BParts），按M键从中选择一个手掌模型，然后在前臂位置拖曳，如图6.141所示。

默认的手比较细，可以使用变形子调板中的膨胀功能调整。接下来使用Gizmo调节模型的位置和角度，可以配合拓扑遮罩调节手的姿势，如图6.142所示。

复制当前模型，将除了手的部分删除，然后使用Gizmo调节模型位置。生成拓扑遮罩，使用Gizmo旋转角度调节手的姿势，效果如图6.143所示。

选择IMM Primitive笔刷，从中选择一个球体（PolySphere）。开启对称在脑袋上单击拖出一对圆球，然后使用Gizmo将圆球调

胳膊　　　　　　鱼身　　　　　　手

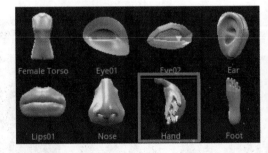

图　6.141

  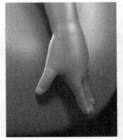

图　6.142

节为椭球。使用移动笔刷调节耳朵造型，再使用标准笔刷进行雕刻，完成耳朵的制作如图 6.144 所示。

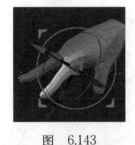
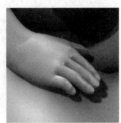
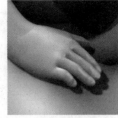

图 6.143

图 6.144

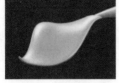
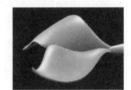

图 6.145

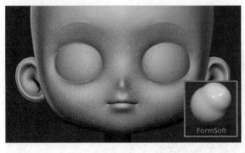
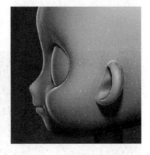

图 6.146

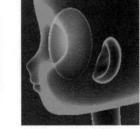

图 6.147

注意：当前球体的布线更适合雕刻调整，当然也可以使用半圆球。此外，有的用户喜欢用压扁的圆柱作为耳朵的基础模型，但这种耳朵模型的边缘过于锐利，在雕刻阶段需要花时间来修饰。

在鱼身的尖端单击拖拉出一个圆球，然后使用弹性移动笔刷和移动笔刷调节成鱼尾的造型，如图 6.145 所示。使用相同方法制作另一侧的鱼尾。

接下来清除遮罩，使用雕刻笔刷雕刻头部模型。

增加模型的细分级别，使用 FormSoft 笔刷堆积出面部体积、眼睛和嘴部结构，再使用 DamStandard 笔刷雕刻出眼睛和嘴巴的边界，如图 6.146 所示。

眼睛不必做得太细致，因为本案例的眼睛模型是独立的。复制头部模型，然后使用插入笔刷在模型上单击增加两个球体，完成后将复制的头部隐藏并删除，使用 Gizmo 缩放和旋转模型的角度，如图 6.147 所示。

完成后将身体应用细分让模型变得平滑，然后删除低级细分，激活动态网格将身体模型融合，最后平滑各部件形成的交界，如图 6.148 所示。

耳朵　　　鱼尾

小结

这里针对之前的流程给出一些技术提示。关于制作对象的顺序，在制作基础模型时并不一定从头部开始，也可以从胸腔、臀部开始制作。常规的顺序是从头开始，然后是脖子、胸、腹、臀（骨盆），完成躯干。接下来处理上肢，从三角肌开始然后是上臂、前臂。再处理下肢，从大腿开始然后是小腿、足部（如果要加脚趾，可以使用预设模型）。最后处理细节，分别是头部的眼睛和耳朵、胸肌、乳房、锁骨、斜方肌和臀大肌、手和手指（也可以用预设）。

注意：这些部分不必都有，可以根据自己的习惯选择具体的结构。

对于高级用户来说，制作顺序怎么做都可以，如从臀部或是从胸腔开始，虽然制作技巧更有效率，但不适用于初学者。不管是新手还是熟手，都应该明白，只是凭借能力去解决对象是粗糙的做法，并不值得提倡。

如果已经对造型足够理解，要加快制作，可以直接使用预设模型。对初学者不建议直接使用具有细节的预设模型，因为这样就没有锻炼的机会了。

有些流程也属于粗糙类型，如利用遮罩拖出肢节，先遮罩再翻转遮罩，然后按住Ctrl键拖曳出新结构，如图6.149

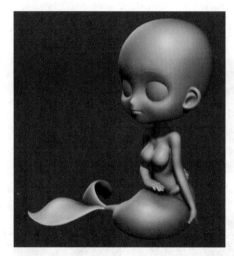

图　6.148　　修饰模型　　臀部结构

所示。这种方式太粗糙，因为这种拉扯的布线是无法直接雕刻的，生成的结果也不干净利落。应该动态更新网格得到均匀的布线，这样才能在后面进行雕刻。用拓扑好的基础模型可以做得更快。

动态网格没有细分级别，所以不能让模型量太高；否则消耗资源比较大，而且雕刻起来也会影响速度。分开部件制作比较容易修改，此时动态网格只是用来将模型密度变均匀。但动态网格如果已经完成了造型的建立，就可以和传统细分结合，这样可以发挥两者的优势。

但消耗面数会很大，而且也没有细分级别，所以必须把基础做准确；否则后续改起来（面数多且无法降级）就比较麻烦。它对资源的占用要比动态网格高得多。

图　6.149

6.3.2　制作角色模型的头发造型

完成身体大型之后，接下来制作头发模型。在工具列表中选择六角星模型，在视图中拖拉出模型，然后按T键进入编辑模式。按W键进入Gizmo模式，此时视图中将弹出插入笔刷的面板，

头发　　　　发束 01　　　　发束 02

图　6.150

图　6.151

图　6.152

图　6.153

如图 6.150 所示。

选择插入笔刷（IMM Primitive），选择头部模型，孤立显示。按住 Ctrl 键拖拉 Gizmo 复制当前模型。在插入笔刷面板中选择一个圆球进行替换，用它来制作头发的基础造型。接下来使用 Gizmo 调节模型的位置和比例，完成后展开动态网格子调板，设置"分辨率"为 32，激活动态网格开关，将模型转换为一个动态网格模型，如图 6.150 所示。

切换到移动笔刷对模型做一下调整。感觉网格密度稀疏了就按住 Ctrl 键在视图中拖一下更新网格。接下来使用 SnakeHook 笔刷在模型上单击拖动，拖曳出一组头发的发束，再次更新网格，使用移动笔刷做一下调节，然后制作其他发束。由于分辨率设置较低，所以只制作大型，完成后使用 Standard 笔刷简单雕刻一下，如图 6.151 所示。

此时模型的表面不够平滑，可以将分辨率设置为 64，激活"抛光"开关，然后更新网格。现在可以看到效果比较平滑了，但边缘也更加锐利了。因为这个模型主要用于参考，所以不需要做细，如图 6.152 所示。

模型还有两条发束，使用曲线管子笔刷进行制作。为了避免更新网格，先将 Dynamesh 开关关闭，然后选择曲线管子笔刷，在模型上单击拖动拉出一根管子。这是发束的基础造型，如图 6.153 所示。接下来需要对它做一些调节。

当光标放在曲线上时可以看到出现了一个蓝色圆圈，这个圆圈的大小影响着曲线的调整范围。可以按 S 键向右拖动将调节范围设置得大些，这样就能进行大范围的调节，如图 6.154 所示。

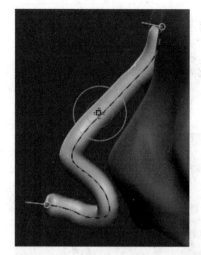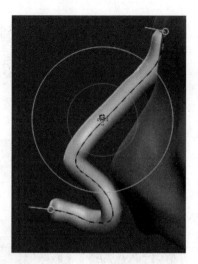

图 6.154

由于曲线管子的效果会在每次单击曲线时得到更新，所以在调节前需要将动态尺寸双击将其激活，如图 6.155 所示。这样在视图中缩放模型时，笔刷尺寸会和模型保持恒定比例，即管子的粗细会在调节过程中保持一致。

图 6.155

提示：曲线管子的效果会受到笔刷尺寸和笔刷强度的影响。笔刷尺寸影响管子的粗细，笔刷强度影响厚度，这样曲线管子就能生成更多的变化，不会只生成一个圆柱的造型，如图 6.156 所示。左图笔刷强度为 100，右图笔刷强度为 30。

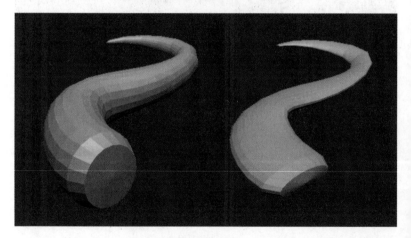

图 6.156

曲线默认开启了弯折功能，所以可以在视图中拖动曲线来调节管子的造型。由于之前绘制的曲线长度不够，可以在"笔触"→"曲线"子调板里激活弹性模式，然后拖动曲线，管子会随着拖动自动延伸长度，如图 6.157 所示。拖拉曲线和两个端点都可以延伸长度。反向拖曳端点还可以缩短长度。

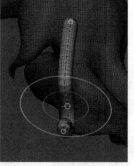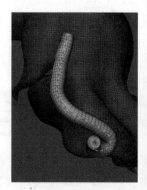

图 6.157

提示：弹性模式解决了之前版本多次调节曲线导致已有造型扭曲破碎的问题，使曲线变得更具实用性。

完成后在"曲线修改器"子调板里将"大小"开关激活，调节曲线图设置。单击 FV 将曲线翻转，然后单击曲线，可以看到默认效果产生了剧烈的粗细变化，这不是想要的结果，如图 6.158 所示。

接下来需要修改曲线。在曲线上单击增加标记点，然后拖动它改变曲线，调节后单击曲线，看一下更新效果。如果还有差距，就继续调节，还可以增加更多的标记点，如图 6.159 所示。

因为不需要做得和设定完全一致，而且有些效果需要使用雕刻笔刷来处理，目前是要快速得到一个形体的感觉。所以调节几次基本就可以了。

如果模型在调节过程中出现了扭曲，可以将光标放在曲线上方。单击曲线后按住 Ctrl 键左右拖动，就可以把扭曲修正，如图 6.160 所示。

放大模型可以看到尖端的部分仍然处于扭曲状态，这是 ZBrush 目前的一个缺陷。现在介绍解决方法。在模型上单击将曲线删除，然后清除遮罩，再使用反向遮罩框选这个区域。切换到 Gizmo，旋转模型到底部，按住 Alt 键在模型的尖端单击，此时 Gizmo 操作器将移动到这个位置，如图 6.161 所示。

选择一个合适的视角，拖动灰色圆环操作器，基于当前视角进行旋转，将扭曲修正，如图 6.162 所示。

图 6.158

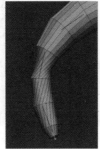

图 6.159　　　　　　　　　　　　图 6.160

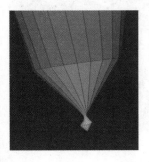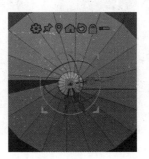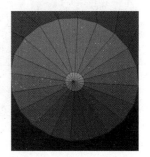

图 6.161　　　　　　　　　　　　图 6.162

接下来处理另一条发束，由于这条发束的造型和之前不同，这里使用另一个笔刷进行制作。选择 Style Hair 笔刷，这是个自定义笔刷，安装内容可阅读相应的章节。在列表中选择 4_5，如图 6.163 所示。

在模型上单击拖动生成模型，然后对曲线进行调整。由于模型的遮挡以及曲线必须依附模型才能绘制出来，所以最初绘制的曲线在位置和形态上都和设定的有较大差异，而且曲线生成的模型和头发模型在一个子物体层，在调节过程中也无法通过开启透明来观察曲线的调节效果（会被头发模型遮挡）。此时可以将"弯折"开关关闭，然后在曲线上单击并拖动，可以看到曲线被整体移动了，如图 6.164 所示。

移动到合适位置后再次开启"弯折"开关进行局部调节。默认的曲线造型宽度不够，可以增加笔刷尺寸，然后单击曲线更新网格效果，调节效果如图 6.165 所示。

完成后的效果如图 6.166

所示。注意，这也是一个基础造型，设定中的造型变化更加复杂，将在后面的章节中介绍如何增加它的细节。

小结

在 ZBrush 中制作头发模型有多种方法，通常是根据制作需求和头发类型这两个因素进行选择。如果不用于生产，只是自己做着玩，因对制作要求不高，所以使用方法并没有太多限制。此时主要考虑的是发型类型，简单的短发发型可以用球体直接雕刻，简单的长发也可以通过变形后调节雕刻而成。下面列举几个例子，如图 6.167 和图 6.168 所示。

图 6.168 所示头发同样也使用了球体，但却是更有技巧的流程。对球体使用 Gizmo 或动作线调节出基础造型，然后雕刻头发

图　6.163

图　6.164

  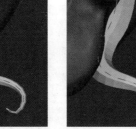 

图　6.165　　　　　　　　　　　　　　　　图　6.166

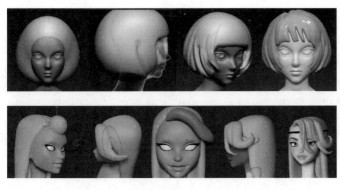

图　　6.167　　　　　　　　　　　　　图　　6.168

细节，再次使用动作线调节成最终的造型。这种做法可以保持雕刻细节的顺畅感，而且发束的纹理细节也无须后期雕刻。当然，这种方法也有一定的适应性。

图 6.169 是完成图，可以看到对象的头发造型比较简单，细节并不多。如果对这个模型做一下修饰也可以满足生产需求，但这并不是最佳方案，因为这种头发制作方法仍然属于比较自由随意的做法。

对于生产，通常会使用更严谨的做法。例如，使用 Z 球、曲线管子笔刷或是自定义笔刷，甚至可以让 Z 球和曲线管子类的笔刷结合使用。这不仅是为了保证质量，更是因为这些方法在处理复杂的头发时制作效率更高；而且这些方法可以生成比球体更合理的基础造型，并且拓扑也更适合调整（都是圆柱类型）。

下面展示一下 Z 球和曲线类的自定义笔刷的应用流程（曲线管子的用法已经介绍过）。

首先建立 Z 球模型，然后转成蒙皮网格使用雕刻笔刷调整造型。完成后将曲线笔刷依附之前的模型绘制出来，然后继续调节第二条发束的造型，如图 6.170 所示。

图　　6.169

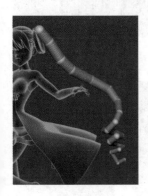

图　　6.170

提示：虽然曲线类笔刷已经可以制作比较复杂的造型（图6.170），但制作图6.171中的缠绕效果还是有些不便。

Z球以前是制作头发的首选工具，现在逐渐降低了使用比例。这是因为Z球生成模型的造型比较单一（圆柱形），不适合作为所有头发类型的基础模型。例如，如果头发造型比较扁，就需要将生成的模型处理成扁的。这个过程比较烦琐，增加了制作难度，因此不如直接使用曲线管子笔刷进行制作，不仅能降低笔刷强度，还可以产生压扁效果。

此外，还有Z球蒙皮的因素，二代蒙皮网格需要手动修饰模型让它变得平滑，一代蒙皮网络生成的预览模型会比Z球模型粗，所以需要设置和反复预览、切换、调整才能让网格模型的粗细变得合适。这与使用网格模型相比还是不够直接。

接下来看一下自定义的曲线类笔刷。它们和默认的曲线管子笔刷相比具有更多的形态，可以满足更多的需要，如图6.172所示。

下面展示一个简单例子的流程。先使用自定义的曲线笔刷在模型上拖拉出基础网格，使用拓扑遮罩对模型进行保护，再使用移动笔刷进行调节，如图6.173所示。这个自定义笔刷的造型比较扁，适合制作手办类头发。

自定义的曲线类笔刷可以适用于长短发的造型制作。虽然Z球也可以用来做短发的发束，但曲线类笔刷做短发更有优势（如创建速度快、模型预览更直观），所以现在Z球只用来制作变化复杂的头发造型。

上面的例子只生成了一个简单的基础形状，如果需要更多细节就要再次处理，细节越多工作量越大。由于头发变化通常是从头至尾，如果使用雕刻的方式来处理，随着模型变细就逐渐难以控制了，到了尖端处理起来更加麻烦。所以，建议将常用头发细节变化制作成多种类型的笔刷，使用曲线一次成型，这样可以大幅降低制作周期，而且生成的造型很干净，可以轻松满足生产级别。如果使用雕刻进行处理则效率低下，过程中也会有大量返工，而且不一定处理得尽善尽美。因此，不要完全使用雕刻来处理长发或是复杂头发的造型，效率不高难度还很大。通常，只有在增加头发细节变化时才建议使用雕刻的方式进行处理。

总之，制作头发的基本原则就是要尽量让初始模型接近设定，以减少不必要的修饰，因为修饰会消耗几倍的时间。

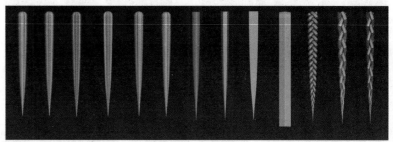

图　6.172

图　6.171

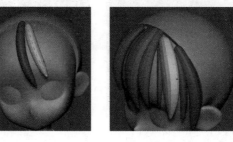

图　6.173

在了解上述原则之后，下一小节将介绍如何使用这些工具调节头发的造型。

6.3.3　制作头发造型

上一小节制作了头发的参考造型，接下来将基于参考模型增加更多的发束模型。由于当前案例的头发造型变化多样，因此制作难度较高。为了让质量达到生产级别，使用的流程采用严谨的做法——曲线管子和自定义头发笔刷。

在这个阶段把每束头发都制作出来。先使用 DamStandard 笔

刷快速雕刻对模型的发型做一个标记，这样在创建和调节时就有一个参考，如图6.174所示。

接下来根据造型特点选择合适的笔刷生成发束。后面和侧面的底层头发属于简单造型，可以使用曲线管子笔刷来制作。曲线管子笔刷默认绘制出来的造型是圆柱形的，将曲线管子笔刷的Z强度降低，这样在模型上拖出的造型就接近需要的效果了。

注意：由于需要贴着模型表面生成头发模型，所以此时使用的是"曲线管子捕捉（CurveTube）"笔刷，如图6.175所示。这个笔刷的使用方法与曲线管子笔刷类似，区别是它可以贴着模型来生成，而曲线管子笔刷是不贴附模型的。

在模型表面拖拉出一条管子之后对它做一些调节。完成一条后再制作第二条。由于这些是相似的造型，可以用曲线复制功能。按数字键5复制当前的曲线，然后调节成另一条的造型，如图6.176所示。

继续使用这个流程将头部侧面的底层头发制作出来，然后在模型上单击将曲线塌陷。可以看到有些区域没有被发束模型遮盖，可以使用移动拓扑笔刷对发束模型做一下调节，如图6.177所示。有关移动拓扑笔刷的介绍可参阅下一小节。

提示：在模型上拖拉出曲

图 6.174

图 6.175

发型调节技巧01

图 6.176

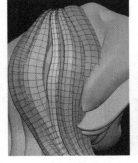

图 6.177

线后,可以通过调节曲线图改变粗细,也可以通过修改笔刷尺寸和Z强度改变管子的高度和尺度。此外,还可以修改笔刷调板的深度设置改变发束在底层模型上的深度,如图6.178所示。

笔刷的Z强度不要设置太低,因为太薄的对象缺乏体积,在后期融合时会产生空洞,下面做一下演示。先在模型上绘制出多条发束模型,然后使用布尔运算融合,如图6.179所示。

接下来隐藏上半部分模型,旋转视图到顶面,可以看到刚才的头发模型由于太薄生成了孔洞,如图6.180所示。对于打印需求这个问题影响不大,如果是生产就会造成一些麻烦,所以不要让绘制的头发模型太薄。

介绍两种解决方法:第一种方法是对曲线管子生成的模型使用移动类笔刷进行调节,让厚度变大;第二种方法是在自定义头发笔刷中选择较高的类型,如图6.181所示,图中名称里H代表高尺度,M代表中等高度。

前面制作了右侧的头发组,剩下的部分也比较相似,所以接下来介绍一些较为特殊的类型。

首先是叠加类型发束。对于这种类型可以一层层建立,如图6.182所示,也可以使用

多层叠加的自定义头发笔刷,如图6.183所示。如果头发造型和笔刷预设不完全符合,也可以自行制作对应的头发笔刷。

图 6.178

图 6.179

图 6.180

图 6.181

图 6.182

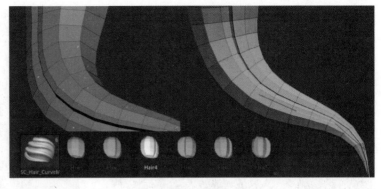

图 6.183

除了上面的类型外，还有由多条相似头发组成的发束。对于这种头发，可以先使用曲线管子笔刷或自定义笔刷制作一个底层模型，然后使用雕刻笔刷调节模型。完成后使用 ZModeler 笔刷的折边功能，设置目标为部分边缘环，手动单击边生成折边效果，如图 6.184 所示。

接下来使用曲线的匹配网格功能。只激活"折边"开关，单击"匹配网格"按钮，基于折边生成曲线，可以看到模型上生成了多条曲线。选择一个合适的曲线类笔刷，在曲线上单击生成多个头发模型，如图 6.185 所示，也可以分别调节每个曲线来改变头发的形态。

这种方法可以生成有规律的发束模型，但如果造型有更多的变化，也可以手动一条条地绘制，还可以每一条都使用不同的头发笔刷来生成，效果也更自然些。

小结

上面介绍了生成头发模型的各种方法，使用这些方法会生成大量的头发模型，对象多了，管理难度就变大了，所以下面介绍一些关于对象管理的内容。

首先，由于该案例的头发数量较多，为了避免在创建和调整头发时相互干扰，需要将发束模型分成多个子工具对象，如图 6.186 所示。这样可以随时将它们隐藏，从而降低制作难度，如图 6.187 所示。

注意：图 6.187 中的颜色只是一个制作的标识，并不是模型颜色组的颜色。每个颜色区域可以是多个对象组成，这些对象可以属于一个子工具，也可以是多个子工具构成——作为一个子工具组来进行管理。

由于每个子工具可以包含的对象数量并没有限制，所以，它既可以只包含一个对象，也可以包含多个对象。包含多

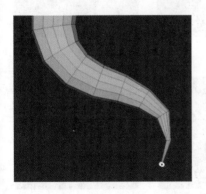

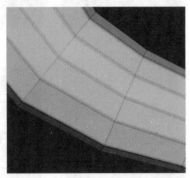

图 6.184

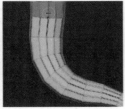

图 6.185

图 6.186

图 6.187

个对象的子工具又称为多重物
体,如图 6.188 所示。以绿色
区域为例,这个子工具中包含
了不同颜色组的多个对象。可
以同时看到多重物体,也可以
同时对它们进行调节,以及控
制它们的显示状态。

图 6.188

其次,可以选择将每个头
发模型拆分为一个子工具,然
后激活模型的箭头图标,将彼
此靠近的子工具称为一个组。
现在可以通过单击组内第一个
对象的眼睛图标将它们同时隐
藏,如图 6.189 所示。

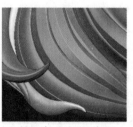

图 6.189

也可以单击其中一个对
象的眼睛图标单独隐藏这个对
象,如图 6.190 所示。当然也
可以隐藏组内更多的对象。

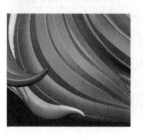

图 6.190

提示:拆分子物体的缺点
是无法同时使用雕刻笔刷调节
多个对象。

总之,软件针对多对象操
作提供了多种管理方式,因此
可以在制作头发时最大限度地
保证操作的灵活性,从而提高
制作效率。

6.3.4 调整头发造型

在上一小节介绍了头发基础网格的制作
过程,接下来进入头发的调整阶段。调整造型　发型调节技巧02

最多使用的是移动类的笔刷，此外，还可以与其他功能配合使用。下面逐一进行讲解。

首先是移动笔刷，它适合处理单个头发模型，如图6.191所示。

由于它是根据笔刷影响范围来产生调节效果的，因此，如果笔刷尺寸过大，会影响到不需要调节的部分，此时可以使用遮罩对相应区域进行保护。按W键进入Gizmo模式，按住Ctrl键在模型上拖拉，这将基于模型的拓扑走势拖拉出一个遮罩，所以这个遮罩也称为拓扑遮罩。松开鼠标时模型的遮罩效果将固定下来，然后就可以使用移动笔刷调节出更多的变化了，如图6.192所示。

图 6.191

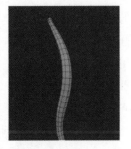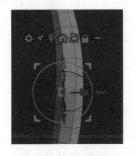

图 6.192

可以看到遮罩的默认强度比较大，如果需要更柔和的调节效果，可以在使用移动笔刷之前按住Ctrl键在模型上单击将遮罩模糊，然后再使用移动笔刷进行调节，如图6.193所示。左图为原始遮罩，中左图为模糊的遮罩，中右图是在遮罩状态下的移动效果，右图为没有遮罩的移动效果。

处理完一侧后可以按住Ctrl键在视图中单击将遮罩翻转，然后继续使用移动笔刷进行调节，如图6.194所示。

如果当前模型是多重物体（一个子物体层包含多条头发），也可以使用移动笔刷进行处理。由于移动笔刷默认只考虑影响范围，所以它会移动笔刷范围内的所有模型（同一个子物体层）。为了只影响一个对象，需要启用自动遮罩功能。将笔刷调板的自动遮罩子调板展开，把"按多边形组遮罩"滑杆设置为100，如图6.195所示，这样在使用移动笔刷时就可以基于颜色组来调节模型。只要每个头发模型的颜色组都不相同，那么每次将只调节一个头发模型。

图 6.193

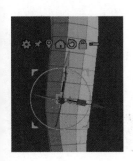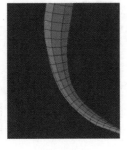

图 6.194

还可以使用移动拓扑笔刷（图6.196）来调节头发模型。移动拓扑笔刷不是基于颜色组来应用调整，它只考虑模型的拓扑是否连接。例如，人物的嘴唇是分离的状态，就可以使用这个笔刷来调节嘴唇的形态，做出各种表情；头发模型都是孤立的模型，彼此不相连，所以可以用它得到和自动遮罩颜色组相似的处理结果。

提示：使用移动拓扑笔刷调节多重模型（多个对象位于一个子物体层），优点是可以同时看到这些模型，并且可以直接调整某个对象；缺点是如果对象排列比较近，有时会出现误操作，也就是调节到不需要调整的对象，此时可以使用隐藏功能只显示这个对象，然后反选对象。按住Ctrl键在视图

区单击为模型应用遮罩，然后将隐藏对象显示出来，现在其他对象都被应用了遮罩，所以使用移动拓扑笔刷调节就不会有误操作了，如图6.197所示。

接下来介绍两个非常重要的移动笔刷：MoveB笔刷和MoveF笔刷，如图6.198所示。

这两个笔刷可以只影响一侧的效果，有向内移动和向外移动两种作用力方向。在很多时候不应用拓扑遮罩也可以达到类似的效果。

下面演示这两个笔刷的效果。选择MoveF笔刷，在头发模型上拖拉左侧，可以看到右侧没有变化，左侧产生了柔和的移动效果，然后再拖拉右侧，过程中左侧完全不受影响，如图6.199所示。MoveF笔刷产生的是向外的调整效果。

现在选择MoveB笔刷，先调整右侧再处理左侧，如图6.200所示。MoveB笔刷是向内产生效果，如果向外拖拉会把另一侧拖过来，如图6.201所示。

可以看到MoveB/MoveF笔刷是非常实用的笔刷，而拓扑遮罩是更精确的做法，可以根据需要来选择应用的工具。

接下来介绍SnakeHook笔刷，这个笔刷在效果上和移动笔刷很相似，如图6.202所示。从左至右分别是原模型、移动笔刷从右侧拖拉、移动笔刷从左侧拖拉、SnakeHook笔刷从右侧拖拉、SnakeHook笔刷从左侧拖拉。

图　6.195

图　6.196

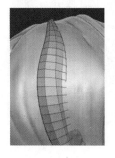

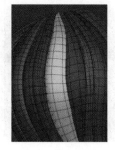

图　6.197

图　6.198

图 6.199

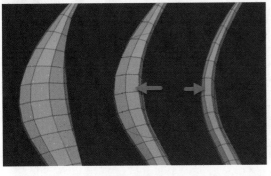

图 6.200　　　　　　图 6.201

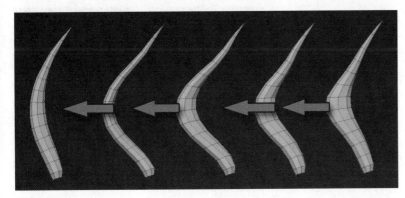

图 6.202

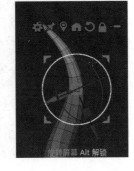

图 6.203

图 6.202 中模型的体积在调节后都发生了改变。如果想尽量保持原有的体积，可以将笔刷尺寸设置得大一些，这样调节时产生的造型体积变化就比较小了。此外，还可以使用拓扑遮罩和 Gizmo 进行调节，这种做法完全不会改变体积的大小。如图 6.203 所示。从左至右分别是在模型上拖拉出遮罩、按住 Ctrl 键单击模型将遮罩模糊、旋转 Gizmo 生形变。

提示：由于移动笔刷是基于笔刷影响范围产生效果，所以模型的形变不是整体的。例如，在图 6.202 的视角下使用移动笔刷做了调节，旋转到背面会发现效果要比前面的弱，所以，如果想要图 6.203 的效果，就要使用拓扑遮罩和 Gizmo 来调节模型。

最后介绍一些辅助功能和技巧提示。

首先要明确一点，笔刷的头发预设无法满足所有的发型变化，所以这些基础模型通常也要根据设定做些调整，如有时头发造型不是柔和平滑的而是带有锐边效果。如果这种造型是较为简单的规律形态，可以使用全局折边——设置折边容差的数值，然后单击"折边"按钮应用效果，如图 6.204 所示。

可以看到默认的折边效果

很锐利,如果不需要太锐利,可以降低"折边级别"的数值,它可以产生边缘倒角效果。将"平滑细分"设置为3,这样效果可以看得更明确。将"折边级别"设置为2,意味着折边在第二级细分时才会应用。将"动态"关闭再打开,此时模型的折边效果变得柔和了一些。如果设置为1会在第一级应用,之后级别的效果就会被细分效果弱化,所以会更加柔和,如图6.205所示。设置为0意味着关闭了折边效果。

如果是复杂且不均匀的造型,就需要手动应用折边级别。对模型使用移动笔刷微调后造型变得更宽了,再应用动态细分后模型变得圆滑了,如图6.206所示。

在设定中有两条边需要是硬边效果,可以使用ZModeler笔刷添加折边。在边上按空格键,从面板中选择折边,目标设置为"部分边缘环"。在模型的边上单击应用折边,如图6.207和图6.208所示。

如果要进行更细致的调整,可以使用遮罩来限制应用范围,然后再使用移动笔刷进行调节。选择ZModeler笔刷,在边上按空格键,从面板中选择Transpose,目标设置为"部分边缘环",在模型的边上单击,除了这条循环边,其他区域将应用遮罩,然后使用MoveF笔刷调整模型,如图6.209所示。如果不想看到模型的遮罩,可以按Ctrl+H组合键隐藏遮罩。

提示:使用MoveF笔刷的原因是背面视角的循环边也没有应用遮罩,所以如果使用默认的移动笔刷,尺寸过大就有可能影响

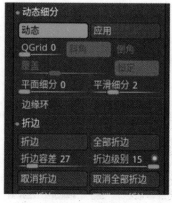

图 6.204

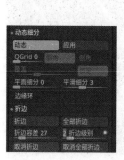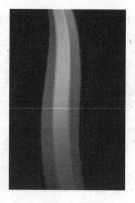

图 6.205

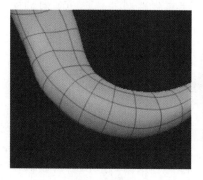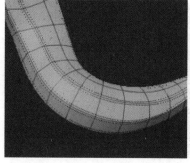

图 6.206　　　　　图 6.207　　　　　图 6.208

到背面区域，产生不必要的调节。注意，MoveF 笔刷是向外扩张的调节，如果需要向内调节，应使用 MoveB 笔刷。

此外，如果还有更多的造型变化，当前的模型又没有足够的循环边，可以使用 ZModeler 笔刷插入一条循环边，然后再使用上面的方法进行调节，如图 6.210 所示。

这里介绍的方法充分利用了 ZBrush 的遮罩特性，可以对模型进行精确的调节。当然，这些方法要求模型是由有规律的拓扑构成的，如果使用动态网格或是自适应镶嵌细分网格，就无法使用这些流程和技巧，就只能使用雕刻笔刷进行处理，制作难度大且模型精度也难以保证。

6.3.5　雕刻头发的细节

调节完模型之后将进入雕刻阶段。在这个阶段会使用抛光和

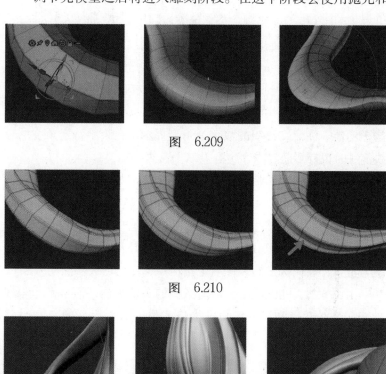

图　6.209

图　6.210

图　6.211

TrimDynamic 笔刷做一些造型修饰，为模型增加一些变化。有时还会使用 ClayBuildup 增加一些小的结构，如图 6.211 所示。图 6.211 中左图为抛光和 TrimDynamic，中图为 ClayBuildup 雕刻，右图为 ClayBuildup 后抛光。

完成这些处理后，将集中精力雕刻发束细节。下面就来介绍操作流程和技巧提示。

首先，雕刻细节需要高密度网格，可以对头发模型应用传统细分（按 Ctrl+D 组合键几次），让模型达到几十万面，然后就可以使用雕刻笔刷雕刻细节了。

在雕刻发束细节时主要使用了两个 Slash 类的笔刷。接下来先演示这种笔刷的效果，然后介绍使用时的注意事项。

选择第一个笔刷（SK_Slash），这个笔刷的基础类型是置换，置换笔刷可以产生比标准笔刷更强的雕刻强度，效果如图 6.212 所示。可以看到它形成的效果更加锥形化。

Displace（置换）笔刷的特性让它适用于雕刻模型的低点。SK_Slash 是置换类型的变体笔刷，除了笔刷设置有相应的调节外，它还包含了一个圆形 Alpha，并且开启了 Lazy

雕刻头发技巧

图　6.212

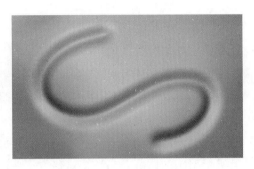

图　6.213

Mouse 功能。在模型上绘制的效果如图 6.213 所示。

提示：开启 Lazy Mouse 功能，笔刷效果的强度会明显降低，用户可以根据需要提高笔刷的 Z 强度。

SK_Slash 还可以基于压感产生细腻的变化。这里先使用很轻的力度，然后逐渐加大，最后再减轻力度，效果如图 6.214 所示。可以看到这个笔刷很适合雕刻头发的细节，而且它能很好地生成带有尖端的笔触。

接下来看一下第二个 Slash 笔刷——SK_Slash2，这个笔刷也包含了一个 Alpha。使用它在模型上雕刻的效果如图 6.215 所示。左图为 Zadd 模式的效果，右图为按 Alt 键的雕刻效果。

可以看到这个笔刷产生了一个特殊的笔触效果，一侧是柔和的弧形渐变，一侧是线性的直线渐变。

了解了这两个笔刷的效果后，接下来使用它们雕刻模型细节。

通常，在雕刻头发时为了让绘制笔触保持流畅（无抖动），需要开启笔触调板的 Lazy Mouse（延迟光标）功能，开关的快捷键是 L。SK_Slash 笔刷默认已经开启了延迟光标功能并且进行了设置。下面在模型上绘制一个笔触查看一下效果，如图 6.216 所示。

可以看到在绘制时笔触不会立即生成效果，光标会有一个红色的直线拖尾以及一个数值。这个直线的长度与延迟半径相关联，在绘制笔触时没达到设置范围的移动操作都会被忽略，这样即使手抖也能绘制出平滑的笔触，因此 Lazy Mouse 也被认为是一个抖动修正功能。注意，红线的数字是角度提示，在绘制特定角度的直线笔触时很有帮助。

这个功能可以绘制很长的绘画笔触。但如果绘制的模型表面有很大的起伏变化，特别是模型表面角度越来越垂直于视平面，在绘制时就有可能产生一些瑕疵，笔触会有些粗糙（点状、不均匀），这主要是因为笔刷采样不足所导致的，如图 6.217 所示。左图为全景，右图为旋转左图右上角区域，然后放大视图的效果。

由图 6.217 可以看出，当前案例的头发很长，而且发型来回盘绕，笔触起点和终点的角度接近或超过 180°，很难一次性将

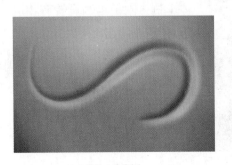

图　6.214

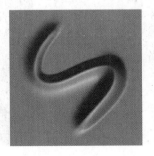

图　6.215

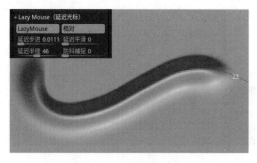

图　6.216

图　6.217

笔触从头至尾绘制出来，所以就会产生上面展示的瑕疵。而如果选择分阶段绘制会产生断点，很难完美接续。如图 6.218 所示，可以看到断点很显眼。

　　解决这个问题需要使用延迟光标的新功能——防抖捕捉。把它设置为 100，然后在模型上拖拉笔触。一段距离之后，停下来旋转模型视角，然后把光标靠近刚才的位置继续拖拉，可以看到笔触被完美接续了，如图 6.219 所示。

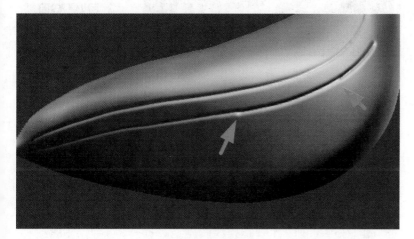

图　6.218

　　提示：绘制笔触每次停顿时不要提笔太快，因为很可能使末端的力度较轻，这样衔接处的力度会不一致，从而产生瑕疵，如图 6.220 和图 6.221 所示。

　　提笔太快，无法完美连续，如图 6.220 所示。

　　提笔变轻，无法完美连续，如图 6.221 所示。

　　如果要绘制的发束数量较多，为了更好地控制疏密，建议雕刻前在模型上绘制一些颜色标记，这样在雕刻时就可以更轻松地完成了。

　　具体操作：激活 RGB 开关，单击"颜色"→"填充对象"按钮为模型填充白色，如

图　6.219

图　6.220

图　6.221

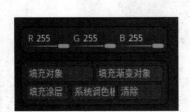

图　6.222

图　6.223

图 6.222 所示。

选择 Paint 笔刷，将白色切换为背景色，然后选择浅灰色。开启抖动修正在模型上绘制效果，过程中可以按住 Alt 键切换到白色覆盖画错的区域，效果如图 6.223 所示。如果感觉颜色太深，可以切换为白色，设置 RGB 强度滑杆为较低的数值，然后再次使用填充颜色。

有了颜色标记之后，使用之前介绍的笔刷进行雕刻，效果如图 6.224 所示。注意，图中少量使用了 DamStandard 笔刷。

6.3.6　使用 Sculptris Pro 模式处理模型

将头发细节完美雕刻出来有两种方法。第一种方法是使

图　6.224

融合模型流程提示

融合注意事项

用传统细分的方式将模型细分得比较高，如几十万面或更高。这种方法比较浪费资源，因为绝大部分的区域都没有用于雕刻，这种方法在前文已经介绍了。第二种方法是在雕刻时使用 Sculptris Pro 模式，只针对雕刻区域增加模型量。由于在之前的章节中已经介绍了 Sculptris Pro 模式的用法，接下来只介绍一些注意事项。

❶ 在雕刻前一定要把模型密度适当提高，不能太粗糙，如图 6.225 所示。可以看到模型上出现了明显的面片效果，这表明当前模型的密度很低。

在低密度网格的状态下雕刻高精度头发细节，很容易产生瑕疵，如不均匀、断裂的笔触，如图 6.226 和图 6.227 所示。

在低精度网格上雕刻，速度不能太快，将笔触拖动得慢点、匀速些，就不容易出现瑕疵了，如图 6.228 所示。当然，如果将

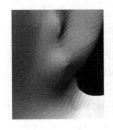
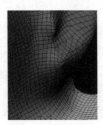

图　6.225

图　6.226

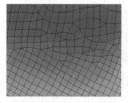

图 6.227   图 6.228

网格密度提高一些，笔刷速度稍快也不容易出现瑕疵。

❷ 使用 Sculptris Pro 模式雕刻模型后，网格密度会产生较大的差异，此时如果想要调节模型，应使用移动笔刷，一定不要使用移动拓扑笔刷。因为移动拓扑笔刷对于一个密度不均匀的模型无法产生柔和渐变的移动效果，如果使用它在模型上进行大范围移动或是按住 Alt 键移动，会生成撕裂的效果，如图 6.229 所示。

❸ 使用 Sculptris Pro 模式雕刻高精度细节很容易让模型量大幅增加。一个头发模型雕刻几个长笔触，就可能让模型达到百万面甚至更高，此时继续雕刻细节就可能会遇到性能瓶颈，让操作产生卡顿（拖不动笔触），这时就需要使用减面功能对模型面数进行优化。

有时需要将多个模型融合为一个对象，然后雕刻细节。这种模型量要比单一头发模型量大得多，在雕刻时经常需要减面处理。下一节将介绍减面的流程及提示。

6.3.7 使用减面插件优化模型量

使用减面功能对模型面数进行优化有两种方法。第一种是使用传统方法，先预处理模型，然后设置减面的百分比，单击"抽取（减面）大师"按钮，如图 6.230 所示。此时视图中将显示抽取后的模型结果，可以根据效果来进行判断。如果感觉与源模型的效果没有太多差异，并且模型量还是有些多，可以减少百分比数值，然后再次执行抽取。这是一个非线性流程，可以反复修改直至得到满意的结果。

第二种方法是使用预设或是自定义数值，如图 6.231 所示。直接单击相应数值的按钮就可以生成对应的减面结果，

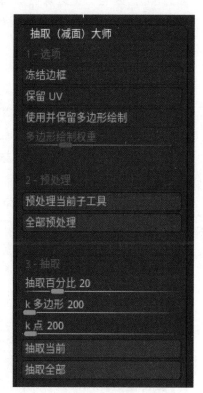

图 6.230

图 6.229

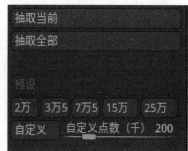

图 6.231

节省了一些操作步骤。如果要使用自定义数值，只需在滑杆中输入数值，确认后单击"自定义"按钮，此时将使用这个数值进行减面处理。

注意：第二种方法只能从高到低，也就是说，如果先单击了"2万"按钮，就不能再使用更高的数值；反之，则没有问题。

接下来介绍一些与 Sculptris Pro 模式相关的减面流程提示。

首先，处理模型前先复制一个模型，避免出现问题。因为历史记录占据内存太多时会自行减少步骤，如果减面结果不满意还不能撤销就麻烦了。

其次，在处理时先减掉一半的模型量，观察或是雕刻一下看看是否有问题，然后再测试更低的数值。减面比率设置为 20% 可以将之前多余的布线基本清理干净。这时拓扑分布还比较均匀，可以用于后续雕刻，25% 更安全，更不容易出现问题。

在配合 Sculptris Pro 模式的流程中不要让减面比率低于 20%；否则会产生密度差异较大的拓扑结构，不利于后期调整和雕刻。打印或是游戏流程可以使用更低的比率。

图 6.232 所示展示了使用较低比率减面之后，再继续进行雕刻所遇到的问题。减面模型和笔刷生成的网格密度差距较大，此时 Sculptris Pro 模式会生成很不均匀且很夸张的布线。

要尽量避免出现这种情况，因为这种极端布线很容易导致错误。如图 6.233 所示，模型上有密集且不均匀的线，如果使用笔刷刷过这个区域将其再次细分，就有可能发现某个位置的拓扑效果不理想。

放大模型发现这个位置有破洞，这种碎面有的只是看上去不正常，按 D 键进入动态细分会发现有时不是真的洞，有时就真是一个洞。用 Sculptris Pro 模式也不容易修复，只能用"补洞"命令修补，补的面会显示为不同的颜色组，如图 6.234 所示。

可以看到补洞后网格没问题了，可以使用平滑笔刷涂抹一下这个区域，让布线变得更均匀。有时"补洞"命令无法达到效果，可以将笔刷变得较大，然后平滑这个区域，也有将破洞修复的可能性。

以上就是头发制作的相关内容，接下来将制作其他部件。

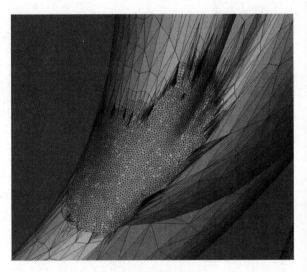

图　6.232

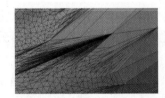 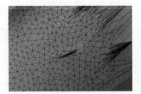

图　6.233

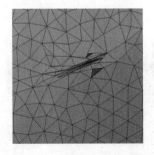 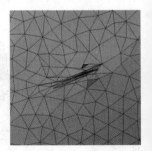

图　6.234

6.3.8　深入制作尾巴模型

查看鱼尾的基础模型，可以发现造型的深度不统一，因此接下来将基于它制作一个更理想的拓扑。

复制身体模型，将一个鱼尾显示出来，其他部分隐藏并删除，再复制一个鱼尾作为备份。选择拓扑笔刷在鱼尾模型上拖动，绘制出一条曲线，然后继续绘制 3 条交叉的曲线，可以看到模型上生成了浅橙色的多边形，它是由曲线交接处的绿色点形成的，如图 6.235 所示，左图为在源模型上绘制一条曲线，右图为绘制了 4 条相交曲线。

注意：只有线处于交叉状态才能生成正确的效果。如果没连接好就不能生成橙色多边形，此时可以按住 Alt 键在模型上绘制出曲线，滑过有问题的曲线可以将其删除，然后再重新绘制这一段。

接下来使用这个方法在模型上绘制曲线，完成后在模型上单击生成网格模型，如图 6.236 所示。

完成后将背景模型显示出来。开启 X 光模式，选择 SnakeHook 笔刷按住 Alt 键拖动网格顶点，可以让顶点吸附在参考模型上滑动位置，这样可以保证新生成的网格模型与参考模型的造型相匹配。

选择 ZModeler 笔刷，设置"边"命令为"插入"，目标设置为"多边缘环"，在边上拖拉出 4 条环线。可以看到模型带有折

鱼尾细节

边，单击"工具"→"几何体编辑"→"折边"→"取消全部折边"按钮将折边效果删除，如图 6.237 所示。

由于环线是基于拓扑网格生成，所以造型与源模型差异较大，为了和源模型匹配，需要使用投影功能。可以使用"全部投影"或是使用 ZProject 笔刷手动投影，如图 6.238 所示。

将之前的备份鱼尾模型显示出来。选择拓扑模型，旋转模型让将要投影的位置面朝屏幕方向，然后使用 ZProject 笔刷涂抹模型区域。这个区域将从源模型上投影造型效果，继续处理直至完成，如图 6.239 所示。

接下来为模型增加厚度。由于 QMesh 的挤出效果是沿着法线生成的，会导致在向后挤出厚度的同时尖端的网格挤在一起，因此需要使用另一种方法。

 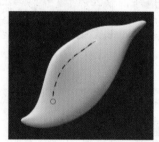 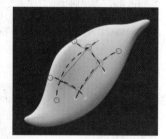

图　6.235

图　6.236　　　　　　　　　　　　图　6.237

在视图中旋转模型到一个适中的角度，然后单击"工具"→"变形目标"→"存储 MT"按钮，存储模型当前状态，如图 6.240 所示。激活 Gizmo 工具，单击四角中的一个向下移动一段距离，然后单击"变形目标"→"创建差异网格"按钮，在基于原始位置和新位置生成一个模型，如图 6.240 所示。生成模型的名称以 MorphDiff 开始。

使用 ZModeler 笔刷，设置"边"命令为"倒角"，目标设置为"完整边缘环"，修改器设置为两行，在边上左右拖拉增加一条环线，然后依次应用到其他 3 条环线，如图 6.241 所示。完成后将修改器设置为一行，单击中间的环线并拖动，再应用一个倒角，如图 6.242 所示。接下来依次应用到其他环线。

提示：第一次倒角需要单击环线拖动，其他环线可以直接单击生成与第一次一样的效果。

接下来将中间的颜色组区域向内推，从而产生凹陷效果。由于之前 4 个颜色组的颜色不同，向内推的操作需要在这些组上每个都执行一次，为了减少操作，将这 4 个颜色组统一。

使用面的"多边形组"命令，目标设置为"多边形环"，分别单击这些组将其统一。然后切换到 QMesh 命令，目标设置为

图　6.238

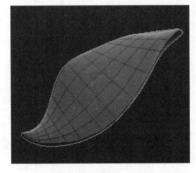

图　6.239

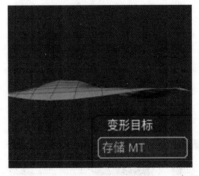
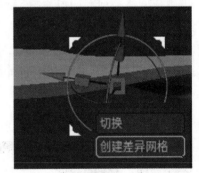

图　6.240

图　6.241　　　　　图　6.242

"所有多边形组"，在面上单击并向内推，推一段距离后按 Shift 键将效果变为移动，如图 6.243 所示。

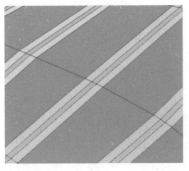
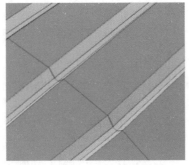

图 6.243

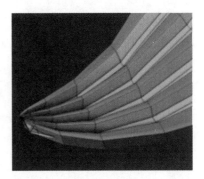

图 6.244

可以看到，向内挤推的距离在整个模型上是一致的，如图 6.244 所示，所以在尖端处的效果就过强了，让模型产生了交叠。撤销刚才的挤推操作，按住 Ctrl 键使用 Gizmo 在靠近模型尖端的位置拖拉出拓扑遮罩，如图 6.245 所示。然后再执行一次挤推，完成后按 D 键预览平滑效果。

注意：如效果未达到预期，可以尝试调节遮罩强度，然后再次执行挤推。

使用这个流程完成另一个鱼尾，效果如图 6.246 所示。

6.3.9 制作胸前的贝壳模型

胸前的贝壳是一个壳体模型，在 ZBrush 中有 5 种制作方法。

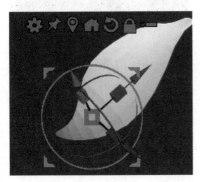

图 6.245

图 6.246

首先介绍最常用的方法：使用网格提取功能，通过在模型上绘制遮罩或是选择部分模型来生成壳体模型。

下面介绍具体流程。

绘制好遮罩后，单击"提取"按钮在视图中生成一个虚拟模型，便于用户查看效果。当移动模型或其他操作时虚拟模型会消失。可以不断地调节参数，如厚度设置，然后单击"提取"按钮生成效果，如图 6.247 所示。

当感到满意时单击"接受"按钮，此时将在子工具列表中增加一个提取模型（Extract6），位于当前选择模型下方，如图 6.248所示。

贝壳基础
模型

雕刻贝壳

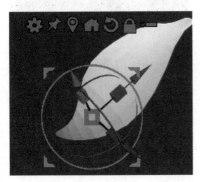

图 6.247

贝壳制作
方法提示

生成的提取模型带有遮罩，可以看到模型的边缘并不算很整齐，需要进一步处理，如图 6.249 所示。

清除遮罩，展开"工具"→"变形"子调板。单击"按组抛光"右侧的圆点将它变为空心圆，这样可以产生更强的应用效果。拖拉"按组抛光"滑杆，让边缘变得整齐，这个区域的表面也随之变得平滑，如图 6.250 所示。

从图 6.251 中可以看到，模型处理得很干净，但是模型有些区域不合适，有的体积多了有的体积少了。这也说明了网格提取方法具有局限性。首先是绘制遮罩的过程较慢；其次是绘制结果会随着模型的厚度变化将微小的不平滑问题放大。厚度越大，问题越明显。

当前的模型在绘制遮罩时已经比较完美了，但因为膨胀的厚度很大，所以仍然有一些不完善的造型变化，这就需要继续修正遮罩，而这是个比较烦琐的过程，可以使用以下方法解决绘制遮罩的速度问题。

选择 HardP_3DCW4R8 笔刷，使用黑色在模型上绘制线条，形成一个形状，然后单击 PolyGroupIt 插件的"按照绘制的颜色分组"按钮，生成新的颜色组，如图 6.252 所示。

提示：在绘制颜色时可以开启 Lazy Mouse 功能，绘制的线条会比较平滑，绘制过程要比遮罩快得多，而且也容易修改。

生成颜色组后将其他部分隐藏，只显示胸部的两个颜色组，然后使用"网格提取"功能生成模型。

这个做法可以解决速度问题，但不能完全解决造型偏差的问题，而且由于网格提取功能要求模型密度较高，以此才能得到准确的结果，所以，当模型生成之后想要调节模型的造型就会比较困难。

虽然"网格提取"是个不错的功能，但因为本案例有明确的设定，造型必须做得更加准确，因此，需要一个能够查看最终壳体效果并能随时修改厚度以及解决造型差异的功能，这个功能就是 Z 球拓扑。

图 6.248

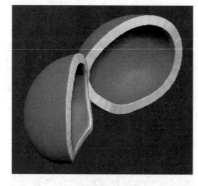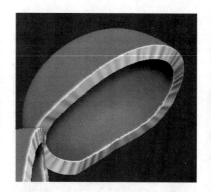

图 6.249

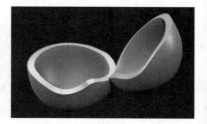

图 6.250　　　　　　　　　　　　　　　　图 6.251

图　6.252

图　6.253

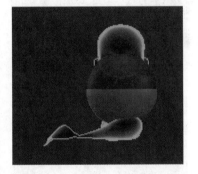
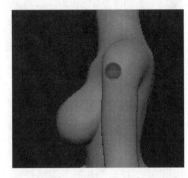

图　6.254

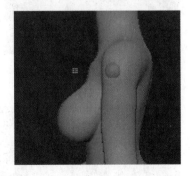

图　6.255

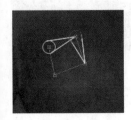

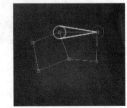

图　6.256

在之前案例中曾介绍过使用Z球制作网格模型，这是它最常用的功能，而Z球拓扑属于一个重要的辅助功能，接下来将使用这个功能制作壳体模型。

在"工具"→"子工具"子调板中单击"插入"按钮，从弹出面板中选择Z球工具，将它插入子工具列表中，如图6.253所示。

此时可以看到视图中的Z球比例较大，可以缩放它的比例，然后移动它的位置，让它不干扰后续操作，如图6.254所示。

在"工具"→"拓扑"子调板中单击编辑拓扑开关，可以看到视图中的Z球变为灰色，并且出现了一个白色点的标记，这代表可以参考背景模型来创建新的拓扑网格——类似于拓扑笔刷，如图6.255所示。

在胸部区域单击可以增加一个拓扑点，继续单击将生成更多的点和连线。将这些点连成一个四边形，将在切换蒙皮网格时显示成一个多边形面。接下来按住Ctrl键单击一个点，将从这个点开始创建更多的点，再次将它们连成一个四边形，如图6.256所示。

展开自适应蒙皮子调板，将"密度"滑杆设置为1，"DynaMesh分辨率"滑杆设置为0，然后按A键将拓扑点转换为真实的多边形网格。开启 X 光显示,效果如图 6.257 所示。

再次按 A 键返回拓扑模式。如果感觉拓扑点的位置不合适,可以按 W 键切换到移动模式,设置较小的笔刷尺寸,拖拉拓扑点移动其位置。此时可以看到拓扑点是吸附在模型表面移动的,所以可以将新拓扑的模型与背景的身体模型保持一致,效果如图 6.258 所示。

注意:如果在拓扑过程中不希望某些点吸附模型表面,可以在创建后激活 X 光显示,此时就可以随心所欲地移动拓扑点了。

参考背景模型,使用这个流程按照造型特征进行拓扑布线,完成后孤立显示模型,按 A 键预览网格效果,如图 6.259 所示。

此时模型没有厚度,设置"拓扑"→"蒙皮厚度"滑杆数值,再次按快捷键进入网格预览模式,就可以看到模型生成了厚度,如图 6.260 所示。

可以看到新的模型效果非常好,面数很少,厚度的表面也很平滑。当然也存在一点造型问题,如图 6.261 所示。可以切换回拓扑模式进行调整,然后再切换回网格模式查看效果,这样就很容易得到理想的结果。

单击"生成自适应蒙皮"按钮生成蒙皮网格,然后将它

图 6.257

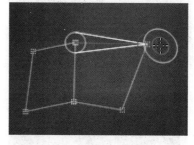

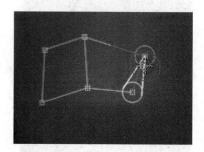

图 6.258

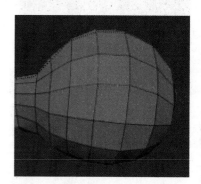

图 6.259

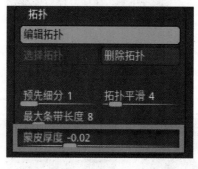

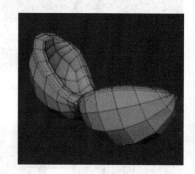

图 6.260

复制粘贴到子工具列表中。按 D 键应用动态细分,观察一下,如果需要,可以使用移动笔刷微调模型,使用 DamStandard_01 笔

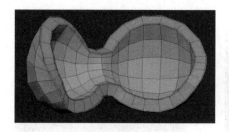

图 6.261

图 6.262

刷雕刻造型变化。注意，要将"延迟捕捉"滑杆设置为 100，效果如图 6.262 所示。

6.3.10 制作贝壳束带模型

孤立显示身体模型，为了操作便捷，可以将多余部分隐藏，如图 6.263 所示。

选择 CurveStrapSnap 笔刷，在模型上拖曳出一个绳带，如

图 6.264 所示。绳带出现后模型隐藏部分也将显示出来。

在"笔触"→"曲线"子调板中激活弹性模式，拖动曲线的顶点延伸到贝壳的位置，束带模型会随着拖动自动延伸长度，如图 6.265 所示。

在曲线上按 S 键向右拖拉改变曲线的笔刷影响范围，然后拖动曲线修改造型。如果曲线出现了不平滑或造型旋转，可以单击曲线，然后按住 Shift 键拖动，曲线模型将逐渐变得平滑，如图 6.266 所示。

右侧曲线捕捉了胸的造型产生了角度翻转，可以单击曲线端点向内推来减少曲线长度，从而消除不理想的部分，

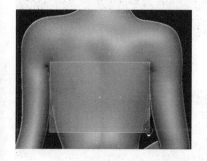

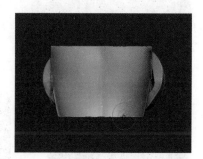

图 6.263

图 6.264

绳带　　　　　绳结

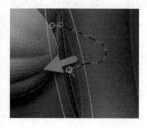

图 6.265

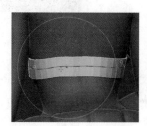

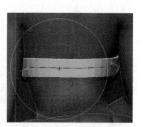

图 6.266

如图 6.267 所示。

需要让绳带内嵌入身体一部分。可以展开"笔刷"→"深度"子调板，单击并拖动圆圈向下移动，然后单击模型上的曲线更新造型，如图 6.268 所示。

注意：曲线模型的厚度可以通过笔刷的 Z 强度滑杆修改。尺度可以通过笔刷尺寸滑杆修改，修改完成需要单击曲线更新模型效果。

增加绳带在身体模型的陷入深度是为了产生交叠部分的遮罩。将模型上的遮罩清除，然后展开"Z 插件"→ Intersection Masker 子调板，单击 Create Intersection Mask 按钮，在基于绳带和身体的交叠部分生成遮罩。隐藏绳带模型就可以看到，如图 6.269 所示。这个遮罩将用于后续的造型调整。

提示：这个插件要求模型的名称必须是英文，否则就无法生成效果。所以，如果身体模型是用中文命名，这时要临时命名一个英文名称。

将两个模型分离，切换到身体模型，孤立显示模型，模糊模型上的遮罩。然后翻转遮罩，使用"工具"→"变形"里的"膨胀"功能向内收缩一点，如图 6.270 所示。

再次翻转遮罩，使用 SK_Cloth 笔刷堆积体积，生成被绳带勒住肌肉产生的挤压效果。

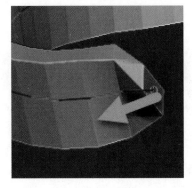
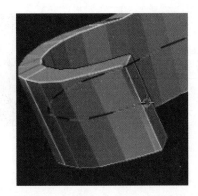

图　6.267

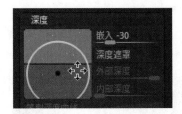

图　6.268

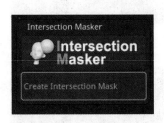
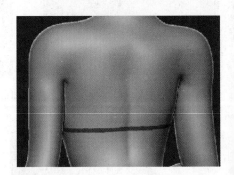

图　6.269

图　6.270

然后使用 Smooth 笔刷平滑，如图 6.271 所示。

使用插入笔刷插入一个球体，然后复制一个。切换到第一个球体，使用移动笔刷调节形态，如图 6.272 所示。

图　6.271

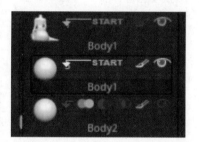

图　6.272

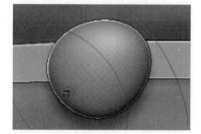

使用 ClayBuildup 笔刷雕刻绳结褶皱，效果如图 6.273 所示。切换到复制的球体，使用 Gizmo 和移动笔刷调节模型形态，然后使用 FormSoft 笔刷雕刻造型。完成后复制模型，单击"工具"→"变形"→"镜像 X"按钮将模型镜像，然后使用 Gizmo 和移动笔刷调节模型，效果如图 6.274 所示。

注意：由于这个模型的成品只有 10cm。为了更加方便生产，绳结模型要和身体模型融合，需要增加绳结模型的厚度——开启笔刷的背面遮罩功能，切换到模型的侧面，移动背面让绳结模型和人体交叠。

至此，就完成了美人鱼模型的制作。下一章将介绍一些打印相关的常识和注意事项。

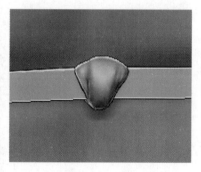

图　6.273

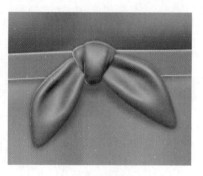

图　6.274

6.4　制作南小鸟模型

本节制作一个南小鸟模型，请读者扫描下面的二维码跟着视频自己学习。

01

02

上衣外形

上衣 01

上衣 02

上衣 03

上衣 04

上衣 05

上衣 06

上衣 07

上衣 08	内裤	零件	裙子 01	裙子 02	裙子 03
裙子 04	裙子 05	鞋子 01	鞋子 02	模型整理	打印输出

第 ⑦ 章
CHAPTER

对模型进行打印输出

首先打开模型文件，然后在 Z 插件展开"抽取（减面）大师"子调板，如图 7.1 所示。

对这些模型依次单击"预处理当前子工具"按钮，设置合适的"抽取百分比"，然后单击"抽取当前"按钮，如图 7.2 所示。

展开"3D 打印工具集"子调板，单击"更新大小比率"按钮，查看模型当前的比例，如图 7.3 所示。

单击"发送到 Preform"按钮把 ZBrush 的文件自动传输到 Preform。此时，发现传输的文件有错误，单击"修复"按钮，如图 7.4 所示。

修复有个进度条，完成后将在视图中打开文件，如图 7.5 和图 7.6 所示。

修复的文件如图 7.6 所示。

单击"一键打印"按钮，如图 7.7 所示。

完成效果如图 7.8 所示。此时模型就可以打印了。

图 7.1

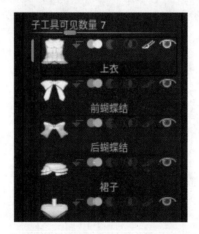

图 7.2

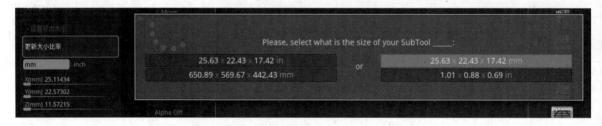

图 7.3

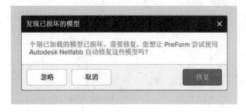

图 7.4

图 7.5

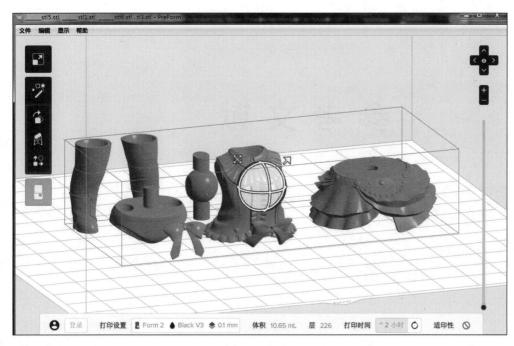

图 7.6　　　　　　　　　　　　　　　　　　　　　　图 7.7

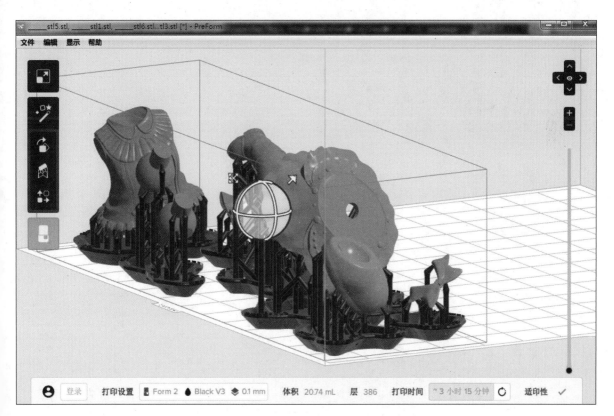

图 7.8

参 考 文 献

[1] 藤縄 . 数码原型师养成讲座：专业通用的手办模型做成技法 [M]. 东京：翔泳社，2015.

[2] 榊馨 . ZBrush 手办制作教科书 [M]. 东京：MDI 出版公司，2016.